CLASSIQUES DE LA SCIENCE
Publiés sous la direction de MM.
[AB]RAHAM, H. GAUTIER, H. LE CHATELIER, J. LEMOINE

II

MESURE DE LA VITESSE DE LA LUMIÈRE

ÉTUDE OPTIQUE DES SURFACES

MÉMOIRES
de
LÉON FOUCAULT

LIBRAIRIE ARMAND COLIN
103, BOULEVARD SAINT-MICHEL, PARIS

II

MESURE DE LA VITESSE

DE LA LUMIÈRE

ÉTUDE OPTIQUE

DES SURFACES

(Volume préparé par M. JULES LEMOINE.)

LES CLASSIQUES DE LA SCIENCE
Publiés sous la direction de MM.
H. ABRAHAM, H. GAUTIER, H. LE CHATELIER, J. LEMOINE

II

MESURE DE LA VITESSE DE LA LUMIÈRE

ÉTUDE OPTIQUE DES SURFACES

MÉMOIRES
de
LÉON FOUCAULT

Avec 3 planches hors texte.

LIBRAIRIE ARMAND COLIN
103, BOULEVARD SAINT-MICHEL, PARIS
1913

AVERTISSEMENT

En publiant la collection des *Classiques de la Science*, nous espérons être utiles à tous ceux que la Physique et la Chimie intéressent, aux professeurs, aux étudiants des grandes Écoles et des Facultés, aux élèves des classes de l'Enseignement secondaire.

Notre intention est de présenter successivement au public scientifique les mémoires fondamentaux dus aux savants français et étrangers qui ont ouvert les grands chapitres de la science.

Chacun des volumes de la collection comprendra soit divers mémoires d'un seul savant, soit des mémoires de plusieurs auteurs se rapportant à un même ordre d'idées.

La Société française de Physique a fait réimprimer, d'une façon luxueuse, les œuvres de quelques physiciens français (Ampère, Coulomb, Becquerel, Curie, etc.). En Allemagne, Ostwald a publié, dans sa langue, de nombreux mémoires dus à des chimistes et des physiciens de diverses nationalités.

Nous voulons réaliser de même, dans un but d'intérêt général, une édition française à bon marché, facilement accessible au grand nombre. Nous le faisons d'une façon absolument désintéressée, ce qui nous a permis de demander aux éditeurs des sacrifices correspondants. Auteurs et éditeurs espèrent que le public, par l'accueil qu'il fera à ces classiques, leur apportera la preuve que la publication répondait bien à une nécessité.

Cette publication paraît d'ailleurs être la réalisation d'un vœu que l'on trouve souvent formulé par de nombreux écrivains qui ont recommandé la lecture des mémoires originaux comme le meilleur moyen de développer chez les étudiants l'esprit scientifique, tout en contribuant aussi à leur culture littéraire. Nous donnons ci-dessous quelques citations de savants qui nous paraissent avoir encouragé à l'avance notre tentative.

Le Comité de Publication :

H. Abraham, H. Gautier,
H. Le Chatelier, J. Lemoine.

Éloge historique d'Alexandre Volta.

Par François ARAGO,

Secrétaire perpétuel de l'Académie des Sciences.

(Lu à la séance publique du 26 juillet 1833.)

«... La lettre à Lichtenberg, en date de 1786, dans laquelle Volta établit par de nombreuses expériences les propriétés des électromètres à paille, renferme sur les moyens de rendre ces instruments comparables, sur la mesure des plus fortes charges, sur certaines combinaisons de l'électromètre et du condensateur, des vues intéressantes dont on est étonné de ne trouver aucune trace dans les ouvrages les plus récents. Cette lettre ne saurait être trop recommandée aux jeunes physiciens. Elle les initiera à l'art si difficile des expériences ; elle leur apprendra à se défier des premiers aperçus, à varier sans cesse la forme des appareils ; et si une imagination impatiente devait leur faire abandonner la voie lente, mais certaine, de l'observation, pour de séduisantes rêveries, peut-être seront-ils arrêtés sur ce terrain glissant en voyant un homme de génie qu'aucun détail ne rebutait. Et d'ailleurs à une époque où, sauf quelques honorables exceptions, la publication d'un livre est une opération purement mercantile ; où les traités de science, surtout, taillés sur le même patron, ne diffèrent entre eux que par des nuances de rédaction souvent imperceptibles ; où chaque auteur néglige bien scrupuleusement toutes les expériences, toutes les théories, tous les instruments que son prédécesseur immédiat a oubliés ou méconnus, on accomplit, je crois, un devoir en dirigeant l'attention des commençants vers les sources originales. C'est là, et là seulement, qu'ils puiseront d'importants sujets de recherches ; c'est là qu'ils trouveront l'histoire fidèle des découvertes, qu'ils apprendront à distinguer clairement le vrai de l'incertain, à se défier enfin, des théories hasardées que les compilateurs sans discernement adoptent avec une aveugle confiance... »

(*Ann. de Phys. et Chim.* [2], LIV, 396, 1833.)

Les méthodes d'enseignement des sciences expérimentales.

Par Lucien POINCARÉ.

(*Conférence du Musée pédagogique*, 1904.)

«... Retenons aussi ce conseil de lire parfois aux élèves ce qu'ont écrit les grands savants eux-mêmes. Eh quoi ! dira-t-on, vous voudriez qu'on lût, au lycée, les mémoires originaux ; folle entreprise ! Ne sentez-vous pas que vous condamneriez ainsi les malheureux enfants déjà surmenés à une nourriture trop substantielle, qu'ils ne sauraient digérer, et qu'ils ne pourront absolument rien comprendre à un langage beaucoup trop élevé et trop compliqué pour leurs jeunes intelligences? Il y a ici, bien entendu, une question de tact, et l'on devra soigneusement régler la dose selon la mesure des intelligences à qui l'on s'adressera; mais qu'on vérifie par l'expérience, et l'on constatera que telle ou telle page écrite par un Pascal, un Arago ou un Berthelot, a, dans sa profondeur, plus de lumineuse clarté et plus de réelle simplicité que les chapitres correspondants de beaucoup de traités, dits élémentaires, où des auteurs, qui remontent rarement à la source et qui se copient souvent les uns les autres, ont reproduit, avec des déformations de plus en plus fâcheuses, la pensée première des inventeurs... »

L'enseignement scientifique général dans ses rapports avec l'industrie.

Par Henry LE CHATELIER.

« ... Pour développer cette activité individuelle, il faudrait que, dans les sciences expérimentales, comme cela existe pour les sciences mathématiques, les devoirs écrits, les travaux personnels des élèves tinssent une large place dans l'enseignement, et ne se réduisissent pas à quelques rares calculs mathématiques, le plus souvent dépourvus d'intérêt, sur telle ou telle question de physique. On pourrait faire analyser les mémoires scientifiques originaux qui sont restés classiques : ceux de Lavoisier, Gay-Lussac, Dumas, Sad Carnot, Regnault, Poinsot, en demandant de bien mettre en relief leurs points essentiels; faire discuter les avantages comparatifs de deux méthodes expérimentales ayant un même objet : celle du calorimètre à glace et du calorimètre à eau, par exemple ; faire des programmes d'expériences pour des recherches sur un sujet donné : en un mot, imiter ce qui se fait avec beaucoup de raison dans l'enseignement littéraire. Avant tout, ce qu'il faudrait emprunter à cet enseignement est la lecture régulière des auteurs classiques. En apprenant dans un cours les résumés des expériences de Lavoisier ou de Dumas, on n'étudie pas mieux la science qu'on n'étudierait la poésie dramatique en apprenant des résumés des pièces de Corneille. A côté et autour des faits, il y a tout un cortège d'idées dans un cas, de sentiments et de mélodie dans l'autre, qui constituent bien plus que les faits matériels la science ou la poésie. Les résumés, bons pour la préparation aux examens, sont stériles pour le développement de l'esprit et de l'imagination... »

(*Revue générale des Sciences*, IX, 104, 1898.)

TABLE DES MATIÈRES

Pages.

MÉMOIRES DE LÉON FOUCAULT

SUR

LA VITESSE DE LA LUMIÈRE

ET

L'ÉTUDE OPTIQUE DES SURFACES

FOUCAULT (Jean-Bernard-Léon) [1819-1868] a toujours habité Paris. Ses premières études furent peu brillantes. Esprit concret et pratique, les vérités abstraites n'étaient pour lui, au début de sa vie tout au moins, que des subtilités vaines ; la préparation du baccalauréat lui fut, paraît-il, assez pénible.

Il commença des études de médecine, devint ainsi préparateur, excessivement adroit et ingénieux, d'un cours de microscopie à la Faculté, ensuite rédacteur scientifique au *Journal des Débats*, puis, avec une thèse sur la mesure de la vitesse de la lumière, docteur ès sciences physiques en 1853.

En 1862, il était membre du Bureau des Longitudes, et en 1865, membre de l'Institut.

Deux ans après, une cruelle paralysie atteignait successivement les mains, les yeux, la langue, le cerveau de ce savant si brillamment doué, et il mourait, en 1868, âgé seulement de quarante-neuf ans.

Les travaux de Foucault se rapportent à trois chapitres de la physique : l'optique, l'électricité, la mécanique. Il avait merveilleusement le génie de l'invention, résolvait les questions les plus diverses, avec sûreté, par des expériences décisives qui frappaient de surprise le monde savant, mais ne cherchait la théorie mathématique que plus tard, pour répondre à ceux qui discutaient, soit ses appareils, soit l'interprétation de ses expériences. Il apprenait en inventant, disait de lui Joseph Bertrand, et consultait la science suivant ses besoins et dans la mesure nécessaire seulement.

Voici la liste de ses principaux travaux. Il suffira de la consulter pour juger de ce que la physique et aussi l'industrie doivent au génie original de ce grand savant.

OPTIQUE

Étude des plaques photographiques.
Arc voltaïque; régulateur; photométrie.
Interférences de la lumière.
Vitesse de la lumière.
Instruments astronomiques; étude optique des surfaces.
Polariseur en spath.

ÉLECTRICITÉ

Horloge électrique; régulateur électrique.
Courants d'induction.
Interrupteur des bobines d'induction.

MÉCANIQUE

Pendule conique.
Rotation du plan d'oscillation du pendule.
Gyroscope; toupie.
Héliostat.
Régulateur du mouvement uniforme; application à diverses machines.

Quelques-uns de ces travaux ont été exécutés en collaboration avec Fizeau.

Le *Recueil des travaux scientifiques de Léon Foucault, publié par Mme veuve Foucault, sa mère, mis en ordre par G.-M. Gariel, précédé d'une notice par J. Bertrand* (Gauthier-Villars, éditeur), dans lequel nous avons été autorisé à puiser librement pour constituer ce petit volume, réunit les publications de Foucault éparses dans les diverses revues scientifiques.

Jules LEMOINE.

PREMIÈRE PARTIE

VITESSE DE LA LUMIÈRE

Méthode générale pour mesurer la vitesse de la lumière dans l'air et les milieux transparents. Vitesses relatives de la lumière dans l'air et dans l'eau. Projet d'expérience sur la vitesse de propagation du calorique rayonnant[1].

La nouvelle méthode expérimentale que je propose pour évaluer la vitesse de la lumière se propageant à petite distance, est fondée sur l'emploi du miroir tournant inventé par M. Wheatstone, et indiqué par M. Arago, comme pouvant servir à attaquer ce genre de question. Le miroir tournant associé à un appareil optique convenable permet en effet de constater, à moins d'un trentième près, la durée du double parcours de la lumière à travers une colonne d'eau de 3 mètres de longueur, et lorsqu'on se propose d'opérer seulement dans l'air, une légère modification de cet appareil permet d'atteindre à un degré de précision dont il n'est pas encore possible de préciser la limite. Une troisième modification, ayant pour but de ménager beaucoup les pertes de lumière, servira, ainsi que j'ai pu m'en rendre compte, à constater par des indications thermométriques que le rayonnement calorique, jusqu'ici inséparable de la lumière, se propage avec la même vitesse.

Pour faire connaître ces expériences, j'aurai à décrire les diverses dispositions du système optique ainsi que la nouvelle machine qui me sert à animer le miroir tournant d'un

1. *C. R. de l'Ac. des Sc.*, t. XXX, p. 551, et *Œuvres de Foucault*, p. 173.

mouvement rapide et promptement mesurable : on opère avec la lumière solaire; on le peut aussi avec la lumière électrique.

Un faisceau de lumière directe pénétrant par une ouverture traverse presque aussitôt un réseau présentant onze fils verticaux de platine au millimètre ; de là il se dirige vers une excellente lentille achromatique à long foyer, placée à une distance du réseau moindre que le double de la distance focale principale L'image du réseau tend à se former au delà sous des dimensions plus ou moins amplifiées; mais, après avoir traversé la lentille, le faisceau tombe avant sa convergence en foyer sur la surface du miroir tournant, et, entraîné d'un mouvement angulaire double de celui du miroir, il forme dans l'espace une image du réseau qui se déplace avec une grande rapidité. Dans une portion assez limitée de son trajet, cette image rencontre la surface d'un miroir concave ayant son centre de courbure sur le centre de figure et sur l'axe de rotation du miroir tournant, et pendant tout le temps qu'elle se promène à sa surface, la lumière qui a concouru à la former rebrousse chemin et vient retomber sur le réseau lui-même en une image d'égale grandeur. Pour observer cette image sans masquer le faisceau d'origine, on place obliquement sur le faisceau, auprès du réseau, entre lui et la lentille objective, une glace parallèle, soit épaisse, soit mince, et l'on observe avec un puissant oculaire les images déjetées sur le côté. Quand la glace est épaisse, les deux images sont plus ou moins complètement séparées; quand la glace est mince, elles se recouvrent en partie, et l'on choisit pour l'inclinaison de la glace sur le faisceau un angle tel, qu'il y ait superposition des lignes noires équidistantes dont elles sont sillonnées ; par ce moyen, l'on utilise les réflexions des deux surfaces. Le miroir en tournant fait reparaître cette image à chaque révolution, et si la vitesse du mouvement de rotation est uniforme, elle reste immobile dans l'espace. Pour des vitesses qui ne dépassent pas trente tours par seconde, ses apparitions successives sont plus ou moins distinctes, mais au delà de trente tours, il y a persistance des impressions dans l'œil, et l'image paraît absolument calme.

Il est facile de démontrer que le miroir, en tournant de

plus en plus rapidement, doit déplacer cette image comme si elle était entraînée dans le sens du mouvement. En effet, la lumière qui s'échappe entre les mailles du réseau n'y revient qu'après avoir subi sur le miroir tournant deux réflexions séparées par la durée de son double parcours du miroir tournant au miroir concave. Or, si le miroir tourne très vite, la durée de ce va-et-vient, même dans une longueur restreinte de 4 mètres, ne peut passer pour nulle, et le miroir a le temps de changer sensiblement de position, ce qui se trahit par un déplacement de l'image formée par le rayon réfléchi au retour. Rigoureusement parlant, cet effet se produit dès que le miroir tourne, même lentement; mais il ne devient observable que quand il acquiert une certaine grandeur, et qu'on emploie pour le constater des précautions particulières. Tous mes efforts ont tendu à rendre cette déviation aussi apparente que possible.

Le principal obstacle à surmonter tient à ce que, dans un trajet aussi compliqué, la lumière ne peut se reconstruire en un foyer bien net; l'étranglement que le faisceau éprouve en se réfléchissant deux fois sur le miroir tournant à très petite surface détruit nécessairement la netteté de l'image et apporte dans ses contours un trouble absolument inévitable; c'est pour cela qu'on a pris pour source de lumière les espaces linéaires équidistants ménagés entre les fils d'un réseau très fin. Bien que l'image qu'on en obtient ne soit jamais nette, elle se présente sous la forme d'un système de rayures blanches et noires semblables à des franges incolores et dont chacune présente un maximum et un minimum de lumière bien déterminé. Ainsi que les fils mêmes du réseau, ces espaces lumineux ou obscurs sont distants les uns des autres de $\frac{1}{11}$ de millimètre, et si, pour les observer, on place dans l'oculaire un micromètre divisé en dixièmes de millimètre les deux systèmes de lignes fonctionnent, par leurs déplacements relatifs, à la manière du vernier, et permettent de saisir, sans équivoque, dans l'image un déplacement de $\frac{1}{100}$ de millimètre.

D'après la vitesse déjà connue de la lumière, avec un objectif de 2 mètres de foyer et en opérant sur un double parcours de 4 mètres, on trouve qu'il ne faut pas donner au miroir une vitesse bien exagérée (6 à 800 tours) pour obtenir des déplacements de 2 et 3 dixièmes de millimètre. Mais il est un moyen bien simple de doubler l'étendue des déviations, et qui peut être utile en maintes circonstances; j'y ai déjà eu recours plusieurs fois, et je me suis assuré qu'il réussit. Il consiste à faire réfléchir, comme l'indiqua Bessel, le faisceau lumineux du miroir tournant sur un miroir fixe auxiliaire placé tout près, et de celui-ci sur le miroir tournant avant et après son excursion sur le miroir concave. On obtient ainsi, par la considération de l'image virtuelle du miroir tournant dans le miroir auxiliaire, le même effet que M. Arago a obtenu du concours de deux miroirs tournant simultanément en sens inverse, avec cet avantage que le miroir tournant et son image ont toujours des positions rigoureusement symétriques, mais en subissant les inconvénients d'une notable diminution d'intensité et d'une augmentation du trouble de l'image.

Telle est la disposition de l'appareil optique qui m'a permis de constater la propagation successive des rayons lumineux. Mes premières expériences ont réussi dans l'air avec un miroir qui ne faisait pas plus de vingt-cinq à trente tours par seconde, la longueur du double parcours étant de 4 mètres.

Pour les exécuter dans l'eau, il n'y a qu'à interposer entre le miroir tournant et le miroir concave une colonne de ce liquide maintenue entre deux glaces parallèles dans un tube métallique conique, intérieurement verni au copal, afin que l'eau y demeure transparente et limpide, à prendre les précautions nécessaires pour que les glaces terminales ne soient pas forcées dans leurs montures, et pour obvier à l'inconvénient de l'allongement du foyer par l'interposition d'une couche liquide à faces parallèles de 3 mètres d'épaisseur. On arrive en fin de compte assez facilement à obtenir, avec le rayon affaibli et verdâtre qui a traversé l'eau, une image aussi distincte que celle qui se forme sans l'interposition du liquide. Il n'y a donc plus absolument qu'à s'occuper de faire tourner le miroir et de mesurer avec précision sa vitesse de rotation, si l'on tient à en déduire les vitesses absolues dans l'air et dans l'eau, ou bien à opérer simultanément sur ces deux milieux si l'on veut seulement reconnaître le sens de la différence de ces deux vitesses.

Jusqu'à présent, pour communiquer à un miroir un mouvement de rotation rapide, on a eu recours à des moyens différents. M. Wheatstone, en se servant d'un fil flexible agissant sur une poulie solidaire avec l'axe, a obtenu une vitesse de 6 à 800 tours par seconde. Après lui, M. Bréguet, utilisant les propriétés précieuses de l'engrenage de White, a obtenu de 1.000 à 1.500 tours. Il me semble que ces deux modes de communication de mouvement ont l'inconvénient d'être trop rapidement destructeurs, de ne pas permettre de changer la vitesse d'une manière continue, ou de la maintenir constante pendant un temps suffisamment long.

L'appareil qui m'a servi est, je pense, à l'abri de ces divers reproches ; il communique au miroir une vitesse qui varie, à volonté, de trente à huit cents tours, et que l'on maintient suffisamment constante et mesurable au moment même de l'observation.

Il consiste en une petite turbine à vapeur assez comparable à la sirène, mais qui donne comparativement peu de son. On emploie la vapeur fournie par une chaudière sous une pression d'une demi-atmosphère ; la vapeur est surchauffée par une lampe à l'alcool au moment où elle va s'engager dans la machine. Elle s'échappe par deux orifices percés obliquement sur un même diamètre dans la paroi supérieure de la chambre placée sous le plateau de la turbine, qui lui-même est percé de vingt-quatre trous inclinés en sens inverse, et séparés les uns des autres par de minces parois. Ces parois sont les aubes de la turbine qui, à cause de leur peu de hauteur, n'ont pas besoin d'être courbes. Les orifices d'écoulement de la vapeur ont un diamètre cinq ou six fois plus grand que l'épaisseur des palettes, en sorte que l'écoulement de la vapeur est continu et ne donne que peu de son.

On conçoit sans peine le principal avantage d'une pareille communication de mouvement. La force motrice engendrée dans la chaudière se communique sans choc à l'axe de la turbine. Il n'y avait plus à craindre que l'effet de la pression suivant l'axe ; pour l'annuler, j'ai fait monter sur cet axe un plateau de contre-pression, qui approche extérieurement la paroi inférieure de la chambre de vapeur, laquelle est comprise entre le plateau percé et le plateau plein. Sur ce dernier débouchent des orifices qui exercent une pression de sens inverse à celle qui est due à l'écoulement des jets moteurs sur le plan oblique des palettes; mais j'ai bientôt reconnu que la pression verticale que je voulais ainsi combattre reste inférieure pour une demi-atmosphère au poids de l'axe tournant et de ses appendices et que cette pression ne fait que soulager la machine. Mais je me réserve d'employer ce plateau de contre-pression lorsque, poussant les choses à l'extrême, j'essayerai d'obtenir les plus grandes vitesses de rotation possibles.

L'axe de la turbine se prolonge inférieurement au-dessous de la chambre de vapeur, et il est interrompu par un anneau d'acier, dans lequel on engage le miroir de verre, maintenu en place comme les objectifs de lunette dans leur barillet, entre deux viroles à vis garnies de rondelles de plomb; ce miroir est taillé dans une glace parallèle et recouvert d'un dépôt d'argent sur l'une de ses faces : il constitue une masse solide et cylindrique, dont le centre de gravité passe au centre du mouvement, et qui résiste efficacement aux déformations que tend à produire le développement excessif de la force centrifuge. Au-dessous de l'anneau porte miroir, l'axe reparaît, trempé et terminé en cône, comme à son extrémité supérieure; il est d'ailleurs maintenu vertical entre deux vis d'acier non trempées, fixées au bâti de la machine par des contre-écrous, et percées, dans toute leur longueur, d'un canal étroit qui se termine par une empreinte conique, dont l'ouverture s'accommode avec les cônes terminaux de l'axe de rotation. Le canal, qui traverse la vis d'outre en outre, est destiné à l'aménagement de l'huile, qui afflue continuellement sous l'effort d'une pression d'une colonne de mercure de 30 à 40 centimètres de hauteur. Le constructeur, M. Froment, qui m'a prêté le concours de son zèle et de son talent, a employé tous ses soins au centrage exact de l'axe et de ses annexes; c'est la seule partie délicate de la machine. Plus ce centrage est exact, moins le martelage inévitable se fait sentir aux points d'appui, et plus la marche de la machine est rapide, constante et durable. Du reste, on procède à la rectification de cette pièce importante avec la plus grande facilité.

Il va sans dire que, pour la mise en expérience, le miroir est abrité par des écrans convenablement disposés contre le jaillissement de la vapeur et de l'huile, et contre les courants d'air échauffé. On peut même le faire tourbillonner dans une enceinte très limitée, où l'on entretient par un écoulement constant une atmosphère artificielle de gaz hydrogène, dont la très petite masse équivaut presque au vide; c'est encore une ressource que je me réserve pour l'occasion où je me propose d'expérimenter sur de très grandes vitesses.

Je ne me hasarderai pas encore à donner des nombres ni à poser la formule qui sert à les interpréter; je me bornerai seulement à constater que les déviations obtenues sur un trajet de 4 mètres sont observables au trentième de leur grandeur. Jusqu'à présent, la vitesse de rotation des miroirs n'a été évaluée que par la hauteur du son que donne en tournant l'axe qui les porte, au moyen des battements qu'il fournit avec le son d'un diapason étalonné. La turbine s'accorde du lieu même où l'on observe, en réglant l'écoulement de la vapeur par le moyen d'un robinet dont la clef porte un long levier que l'on fait manœuvrer, à distance, avec un fil qui s'enroule sur un treuil placé sous la main. J'indiquerai plus loin un moyen beaucoup plus sûr et plus rapide pour évaluer à tout instant la vitesse de rotation des miroirs.

En me bornant à des appréciations de la vitesse par le son, j'ai déjà constaté, par deux observations successives, que la *déviation de l'image après le parcours de la lumière dans l'air est moindre qu'après son parcours dans l'eau*. J'ai fait aussi une autre expérience confirmative, qui consistait à observer l'image formée en partie par la lumière qui a traversé l'air, et en partie par la lumière qui a traversé l'eau. Pour les vitesses faibles, les rayures de l'image mixte étaient sensiblement continues les unes aux autres, et par *l'accélération du mouvement de rotation, l'image s'est transportée, et les rayures se sont rompues à la ligne de jonction de l'image aérienne et de l'image aqueuse, les rayures de celles-ci prenant l'avance dans le sens de la déviation générale. De plus, en tenant compte des longueurs d'air et d'eau traversées, les déviations se sont montrées sensiblement proportionnelles aux indices de réfraction*. Ces résultats accusent une *vitesse de la lumière moindre dans l'eau que dans l'air* et confirment pleinement, selon les vues de M. Arago, les indications de la théorie des ondulations.

Il est à remarquer, comme l'a fait observer M. Arago, séance tenante, que l'expérience, en démontrant une vitesse moindre dans l'eau que dans l'air, est tout à fait décisive et qu'elle prononce sans appel entre les deux systèmes. Si l'on eût trouvé un résultat inverse, la théorie de Newton restait encore soutenable, mais la théorie des ondulations n'était pas nécessairement renversée, attendu qu'il est possible de constituer l'*éther* de manière à expliquer, quel qu'en soit le sens, le changement de vitesse aux changements de milieux.

Pour compléter les prévisions de M. Arago, il ne restait qu'à constater le sens de la dispersion qui accompagne nécessairement la déviation du rayon qui a traversé un milieu réfringent. La délicatesse des moyens d'observation inhérents à la méthode me laisse l'espoir d'arriver à fournir ce complément désirable.

Les expériences qui viennent d'être rapportées ne comportent pas une grande précision, attendu qu'on est limité par la longueur à donner à la colonne d'eau qui doit être traversée deux fois par le faisceau lumineux ; à moins de recourir à des artifices nouveaux, il n'est guère possible de donner à cette colonne plus de 3 mètres de longueur, tant l'eau la plus transparente absorbe la lumière en la colorant en vert. Je ne sais ce que produiront, dans les mêmes circonstances, d'autres liquides, tels que l'alcool, l'essence de térébenthine, le sulfure de carbone, etc., sur lesquels je me propose d'opérer ; mais quand les expériences se font dans l'air seulement, il est possible, en modifiant quelque peu la disposition optique, de faire intervenir des longueurs extrêmement considérables, et d'arriver par suite à des mesures excessivement précises. Les déviations peuvent être singulièrement agrandies et se compter par centimètres. Dans ces nouvelles circonstances, l'exactitude des mesures ne dépend plus de la grandeur du phénomène optique qui peut être évaluée au demi-millième, mais de la difficulté qu'on rencontrerait à donner au miroir un mouvement d'une exactitude du même ordre. Je vais essayer de décrire le complément à donner à l'appareil optique pour le rendre applicable à des distances indéfiniment croissantes.

Sans changer la disposition déjà connue, rien n'empêche de doubler, de tripler le rayon de courbure du miroir concave, et de le placer à une distance double ou triple ; seulement, on est bientôt arrêté dans l'allongement progressif de ce rayon par plusieurs difficultés. Si l'on ne veut pas perdre d'intensité, il faut donner à ce miroir, à mesure qu'on l'éloigne, une surface plus grande et proportionnelle au carré de la distance au miroir tournant ; et, sans compter la difficulté qu'on éprouverait à faire construire un pareil miroir pour une distance de 50 mètres, il devient de plus en plus difficile aussi de l'orienter de façon à placer son centre de courbure exactement sur le centre de figure du miroir tournant. C'est pour lever du même coup tous ces obstacles que je place entre le miroir tournant et le miroir concave, aussi éloignés qu'on les suppose l'un de l'autre, jusqu'à concurrence de plusieurs centaines de mètres, une chaîne d'un nombre pair d'objectifs à long foyer, qui se transmettent de deux en deux, et alternativement, l'image mobile du réseau et l'image fixe du miroir tournant. L'extrémité de cette chaîne se termine par le miroir concave, qui conserve alors ses petites dimensions et son petit rayon de courbure, qui reçoit la dernière image du réseau, et qui est orienté de manière à renvoyer la lumière dont elle est formée sur la surface de l'objectif le plus voisin ; on est sûr, dès lors, que le faisceau remonte la chaîne et repasse exactement par le miroir tournant sans pouvoir être déjeté dans aucune direction. En définitive, cette série d'objectifs que la théorie permet d'allonger indéfiniment, que la pratique limitera sans doute, a pour effet de saisir le faisceau dès qu'il tombe sur la lentille la plus voisine du miroir tournant, de s'opposer à sa divergence et de changer son mouvement angulaire dans l'espace en un mouvement de serpentement qui le retient dans la ligne d'expérience pendant un temps nécessaire à l'excitation de la sensibilité de la rétine.

Au premier abord, une objection se présente, à laquelle je me hâte de répondre. Le faisceau de lumière, au moment où il s'engage dans cette série de lentilles, tombe sur le bord de la première d'entre elles, et il les rencontre de deux en deux sur les bords alternativement opposés, puis, un moment après, il tombe au centre de la première lentille, et chemine directement dans tout le système ; il serait à craindre que, dans ces deux positions, le faisceau n'eût à parcourir des routes notablement différentes, ce qui serait fâcheux dans une expérience qui aurait pour but d'arriver à une haute précision ; mais je ferai remarquer d'abord qu'en raison des foyers très longs qu'on emploie pour réduire le plus possible le nombre des verres, cette obliquité est très faible ; en outre, on démontre qu'en deux foyers conjugués des lentilles, les rayons qui passent par le centre et par les bords parcourent des chemins sinon égaux, du moins équivalents, en sorte que l'objection devient nulle, et que la disposition demeure irréprochable.

Reste enfin à discuter la question relative à la régularité de la marche du miroir et aux moyens de mesurer sa vitesse de rotation.

Remarquons d'abord que l'image rayée qui semble permanente au foyer de l'oculaire a une certaine étendue, 2 millimètres carrés ; que cette image est, en réalité, intermittente, et que ses apparitions réitérées sont en même nombre que les tours des miroirs. Profitant des apparitions périodiques de l'image, je masque la partie supérieure par le bord d'une roue de 5 centimètres de diamètre et fendue de 400 dents. Supposant que cette roue, mue par un appareil chronométrique, fasse exactement 2 tours par seconde, il est clair qu'en une seconde il passera 800 dents sous le regard de l'observateur ; mais si, de son côté, l'axe de la turbine donne 800 tours par seconde, il y aura 800 apparitions de l'image du réseau ; et, comme les apparitions sont très courtes relativement à 1/800e de seconde, les dents successives de la roue se substitueront exactement les unes aux autres dans l'intervalle de deux apparitions, et la roue paraîtra immobile. Puis, pour peu qu'il y ait de discordance, soit en plus, soit en moins, entre les retours successifs de l'image et les passages des dents, autrement dit, pour peu que la turbine exécute plus ou moins de 400 tours pour un tour de la roue dentée, celle-ci s'armera d'un mouvement apparent de sens contraire ou de même sens que son mouvement réel ; dès lors on saura dans quel sens il faut agir sur l'écoulement de vapeur pour établir une concordance complète, accusée par une apparente immobilité du bord denté de la roue. Il est parfaitement inutile de s'attachera à maintenir cette concordance pendant plus de quelques secondes, car il suffit de saisir le moment de l'apparente immobilité de la roue pour faire aussitôt l'observation de la déviation de l'image. Ces deux observations, dont l'une concerne la vitesse de la turbine et l'autre la déviation du faisceau réfléchi, sont, pour ainsi dire, simultanées ; la première sert seulement d'avertissement pour procéder immédiatement à la seconde. En réalité, l'appareil à roue dentée est un compteur surajouté à la turbine qui, mécaniquement, n'influence aucunement sa marche et qui n'est qu'en simple relation optique avec elle.

Je terminerai en montrant que la même méthode fournit les moyens de mesurer approximativement la vitesse de propagation du rayonnement calorifique. Les travaux des physiciens modernes, et particulièrement de M. Melloni, ne permettent plus de conserver de doute sur l'identité des rayonnements lumineux et calorifiques ; ce sont deux effets d'une même cause ; toute modification qu'on imprime à l'un doit se retrouver dans l'autre. Si la lumière est déviée dans l'expérience qui vient d'être décrite, le lieu de l'influence calorifique doit se déplacer avec elle. Il me semble que la constatation de ce fait mérite d'être tentée. On y arrivera par le thermomètre même, en ménageant convenablement l'intensité du faisceau lumineux.

Lorsque le miroir tournant est au repos et qu'il se présente sous l'incidence voulue, tout l'appareil optique est incessamment traversé par le rayonnement lumineux, et l'image du réseau possède une intensité plus que suffisante pour impressionner un de ces petits thermomètres que nous avons employés avec M. Fizeau pour la recherche des interférences calorifiques. Quand le miroir, agissant par ses deux faces, se met à tourner, cette image conserverait la même intensité si, dans son mouvement de translation, l'image mobile ne cessait de tomber sur une surface miroitante et sphérique ayant son centre sur le centre du mouvement. Or, il est permis de se rapprocher de ces conditions en multipliant les miroirs sphériques et en les alignant sur le trajet de l'image mobile ; un petit thermomètre, placé tout auprès de la source de lumière du côté vers lequel l'image fixe doit se dévier, sera en effet impressionné dès que cette déviation sera suffisamment agrandie par la vitesse de rotation. Je n'en dis pas davantage sur une expérience qui est encore à faire.

Ce mémoire ne contient, en réalité, qu'un seul résultat : c'est la réussite, par des moyens nouveaux, de l'expérience décisive imaginée depuis plusieurs années par M. Arago pour prononcer définitivement entre les deux théories rivales de la lumière ; mais ce mémoire a encore pour but de prendre date pour une série d'applications de la nouvelle méthode, laquelle consiste essentiellement *dans l'observation de l'image fixe d'une image mobile.*

Les circonstances qui m'ont obligé à rédiger précipitamment ce mémoire ne m'ont pas permis de traiter la partie historique de la question. En publiant la suite de mon travail, je ne manquerai pas de rappeler les magnifiques recherches de ceux qui m'ont précédé, de M. Wheatstone, de M. Arago et de M. Fizeau.

Si les physiciens accueillent favorablement le fruit de mes premiers efforts, que tout l'honneur en revienne à M. Arago qui, dans une pensée d'une hardiesse admirable, a montré que les questions relatives à la vitesse de la lumière devaient passer du domaine de l'astronomie dans celui de la physique, et qui, par une généreuse abnégation, a permis aux jeunes savants de se lancer avec ardeur dans la voie qu'il leur a tracée.

Sur les vitesses relatives de la lumière dans l'air et dans l'eau[1].

PRÉLIMINAIRES HISTORIQUES

A l'époque où j'entrepris ce travail, la science possédait déjà trois méthodes différentes pour déterminer la vitesse de la lumière. L'astronomie a fourni les deux premières, fondées sur l'observation des éclipses des satellites de Jupiter, et sur le phénomène de l'aberration des étoiles. La troisième a été imaginée plus récemment par M. Fizeau, et rentre dans le domaine de la physique expérimentale. Sans atteindre au même degré de précision, ces diverses méthodes se contrôlent les unes les autres, de telle sorte qu'il ne peut plus subsister

1. Thèse de doctorat ès sciences physiques, 25 avril 1853. (*Ann. de Ch. et de Phys.* [3], t. XLI, p. 129 et *Œuvres de Foucault*, p. 18[illegible])

le moindre doute sur la véritable valeur de la vitesse de la lumière dans l'espace vide ou dans notre atmosphère. Quant aux vitesses que prend la lumière en pénétrant dans les milieux réfringents, elle n'était donnée que par le calcul, qui, interprétant la réfraction dans le système de l'émission ou dans le système des ondulations, donnait, selon l'hypothèse adoptée, des résultats bien différents. M. Arago, dès l'année 1838, fit le premier sentir l'importance d'une expérience qui, sans même conduire à la mesure exacte des vitesses de la lumière dans des milieux inégalement réfringents, mettrait seulement leur différence en évidence, et fixerait, par suite, les physiciens sur la manière d'interpréter la réfraction. La méthode expérimentale que je vais décrire dans ce Mémoire, offrant la possibilité de mesurer la vitesse de la lumière dans un trajet très court, permet d'opérer sur différents milieux, et donne la solution complète de l'importante question posée, il y a quinze ans, par M. Arago.

Mais, avant d'entrer en matière, il convient de jeter rapidement un coup d'œil sur l'ensemble des phénomènes naturels ou artificiellement produits, qui sont susceptibles de mettre en évidence la propagation successive des rayons lumineux.

En astronomie, les phénomènes se sont produits d'eux-mêmes ; ils se sont d'abord montrés comme des anomalies ; on ne les cherchait pas, on ne s'attendait pas à les rencontrer, on n'a eu qu'à les observer et à les rapporter à leur véritable cause pour en déduire, par le calcul, le chiffre exprimant l'étonnante vitesse de la lumière. Ce résultat porte le caractère distinctif des œuvres de l'astronomie ; il est empreint d'une haute précision, et l'on peut encore douter que les expériences faites à la surface de la terre puissent prétendre un jour au même degré d'exactitude ; jusqu'à présent, du moins, on n'a cherché qu'à contrôler approximativement par la physique les nombres fournis par les observatoires, et l'on s'estime heureux d'avoir obtenu des valeurs qui oscillent assez largement autour du chiffre véritable.

Le phénomène sensible qui dut révéler pour la première fois la vitesse de la lumière se passe dans les limites de notre système planétaire ; il a été observé et expliqué par Roëmer, dans le courant des années 1675 et 1676 ; il consiste, comme on sait, dans l'inégalité apparente des retours successifs des éclipses de satellites qui accompagnent Jupiter. Le premier de ces satellites surtout, à cause de son petit volume, de la rapidité de sa marche et de sa proximité de la planète, offre à l'observation le spectacle d'*immersions* dans l'ombre et d'*émersions* très nettes et faciles à saisir. C'est un flambeau qui s'allume et qui s'éteint à des intervalles de temps réellement égaux, et que l'on observe à des distances variables. Entre l'opposition et la conjonction, la distance de la terre à Jupiter augmente de toute la valeur du diamètre de l'orbite terrestre. Pendant cette période, les émersions seules sont visibles et semblent de plus en plus tardives, par rapport aux instants équidistants où elles devraient paraître quand on les déduit du nombre d'éclipses qui arrivent pendant l'année entière. Entre la conjonction et l'opposition, la distance entre les deux planètes se réduit d'un diamètre de l'orbite terrestre, et pendant cette seconde période, on ne peut voir que les émersions, qui se précipitent de manière à rétablir une compensation exacte. La somme des retards pendant la période d'éloignement est égale à la somme des avances pendant la période de rapprochement, et chacune d'elles donne le temps qu'emploie la lumière à franchir le diamètre de notre propre orbite. Ce temps, mesuré directement aux instruments chronométriques, s'est trouvé égal à $16^{m},26^{s}$; ce qui donne, en tenant compte de l'espace parcouru par la lumière, une vitesse de 79.572 lieues de 4.000 mètres par seconde.

Cinquante années plus tard, Bradley arriva au même résultat, par l'étude approfondie d'un mouvement annuel auquel participent toutes les étoiles, et qui est désigné, dans la science, sous le nom d'*aberration*. En vertu de l'aberration, toutes les étoiles semblent déplacées vers le point du ciel où aboutit la tangente menée à l'orbite terrestre par le point qu'occupe la terre à un moment donné et dans le sens même de son mouvement de translation. Le plan perpendiculaire à cette ligne trace sur la sphère céleste un grand cercle qui passe par toutes les étoiles pour lesquelles le déplacement dû à l'aberration acquiert sa valeur maximum. Autrement dit, toutes les étoiles qui nous envoient leur lumière dans une direction perpendiculaire à celle de notre propre mouvement nous apparaissent les plus déviées dans le sens de ce mouvement, et écartées de leur position vraie d'un arc de $20^m,3^s$. Le grand cercle considéré, accomplissant dans le cours d'une année sa révolution complète autour du diamètre qui passe par les pôles de l'écliptique, il en résulte non seulement que toutes les étoiles participent au phénomène de l'aberration, mais que pour chacune d'elles il acquiert deux fois par an sa valeur maximum.

Pour toutes les étoiles comprises dans le plan de l'écliptique, ce déplacement a lieu suivant un petit arc de grand cercle qui se confond avec une droite ; pour les deux seules étoiles situées aux pôles mêmes de l'écliptique, ce déplacement s'effectue sur le contour d'un cercle ; enfin, pour toutes les étoiles occupant des positions intermédiaires, l'aberration engendre des ellipses graduellement variées et qui présentent toutes les formes comprises dans la même espèce de courbe entre la ligne droite et le cercle.

A ces caractères remarquables, Bradley reconnut que la cause de l'aberration n'est pas dans les étoiles elles-mêmes, mais qu'il faut la chercher dans un principe unique, dans le principe lumineux qui nous met en relation avec les corps célestes, et dont la vitesse de propagation, déjà connue, ne peut être considérée comme infiniment grande par rapport à la vitesse de la terre entraînée dans l'espace par son mouvement de translation.

Les deux vitesses sont comme 10.200 est à 1 ; conséquemment, lorsqu'une lunette est dirigée vers une étoile située sur le cercle d'aberration maximum, elle est entraînée dans un sens perpendiculaire à la direction de son axe, par le mouvement de la terre ; et, pendant le temps que la lumière emploie à franchir la distance du centre optique de l'objectif à son foyer, l'oculaire de l'instrument s'avance parallèlement au plan focal, de la dix-millième partie environ de cette distance ; il en résulte pour l'observateur un déplacement relatif de l'image de l'étoile, qui semble avoir été laissée en arrière, tandis que l'étoile elle-même paraît nécessairement déviée en sens inverse ; la grandeur de ce déplacement, rapportée à la longueur focale de la lunette, est précisément la mesure de l'aberration.

Si l'on admet l'explication que je viens de rappeler, la grandeur absolue de l'aberration exprime le rapport entre la vitesse de la lumière dans la lunette et celle de la lunette elle-même participant au mouvement de la terre ; et, en effet, le chiffre obtenu par cette méthode s'accorde, à un deux-centième près, avec celui que donne l'observation des satellites de Jupiter. Ainsi envisagée, l'aberration donnerait la vitesse de la lumière, non dans le vide planétaire, mais dans l'étendue qu'occupent les instruments ; elle rendrait sensible la durée du parcours des rayons lumineux franchissant la longueur si restreinte de nos lunettes, les espaces célestes ne concourant que d'une manière indirecte au résultat final, pour offrir un point de mire placé à l'infini, et permettre le libre développement du mouvement de translation de la terre.

Il ne m'appartient pas d'insister davantage sur ces glorieux travaux. Je n'ai voulu, en les rappelant, que les considérer au point de vue physique, et faire ressortir les conditions naturelles et indépendantes du concours de l'homme, qui ont fait naître, comme conséquence de la propagation successive de la lumière, des phénomènes sensibles et observables. Tout le mérite consistait à les saisir, à les mesurer avec précision et à les rapporter à leur véritable cause. Pour les physiciens, la tâche était plus étendue; ils avaient à imaginer et à réaliser, dans les espaces terrestres, un système d'expériences équivalant à celles que les astronomes ont trouvées toutes faites dans le ciel ; aussi leur a-t-il fallu, avant de rien tenter, qu'ils fussent en possession du chiffre réel qu'ils cherchaient à contrôler.

Le premier physicien qui entreprit de mesurer la vitesse de propagation d'un agent impondérable à la surface de la terre est M. Wheatstone; et, bien que ses expériences aient porté sur l'électricité et non sur la lumière, il est assuré de voir son nom attaché à la question résolue par l'emploi du miroir tournant. Cet instrument est, en effet, une des plus heureuses inventions de M. Wheatstone, et l'on n'en connaît pas d'aussi puissant pour évaluer de petites fractions de temps.

En 1835, M. Wheatstone cherchait à déterminer la durée de l'étincelle électrique, la durée de son parcours dans l'air, et la durée de la transmission de l'électricité à travers le fil conducteur, ou, ce qui revient au même, le temps qui s'écoule entre les explosions de deux étincelles jaillissant en deux points éloignés d'un même circuit. Après avoir vainement fait tourner d'un axe les organes excitateurs des étincelles, dans l'espérance d'accroître leur largeur et d'altérer leurs directions et leurs positions respectives, il a songé à communiquer le mouvement de rotation à un simple miroir plan établi à une certaine distance des appareils excitateurs et fixes. Le miroir, en tournant autour d'une ligne passant par sa surface réfléchissante, donnait, de ces appareils, une image virtuelle qui cessait bientôt d'être distincte, à cause de la rapidité de son mouvement angulaire double de celui du miroir. Mais quand éclataient les étincelles, leur peu de durée fixait, dans le miroir, les images dont les apparences plus ou moins modifiées prenaient une signification facile à saisir. Si, par exemple, un long circuit excitateur destiné à décharger la bouteille de Leyde était interrompu en trois points, dans son milieu et près de chaque extrémité ; si, d'ailleurs, il était replié de manière à ce que les trois interruptions fussent placées sur une même droite parallèle à l'axe de rotation du miroir, au moment de la décharge, les trois étincelles vues directement apparaissent en même temps et sans que rien pût faire soupçonner à l'observateur l'ordre dans lequel elles se succèdent réellement; mais, vues par réflexion dans le miroir tournant, le retard de l'étincelle moyenne et la simultanéité des étincelles extrêmes devenaient également manifestes, attendu que ces deux dernières se montraient encore sur une même verticale, tandis que l'étincelle moyenne, éclatant un peu plus tard, était déviée dans le sens de la rotation du miroir.

M. Wheatstone a déduit de ce genre d'expérience une valeur de la vitesse de l'électricité qui ne s'accorde pas avec les résultats de mesures plus récentes. Peut-être a-t-il été induit en erreur par des phénomènes accessoires qui compliquent le phénomène principal, mais qui sont indépendants du procédé optique qu'il a mis en usage. Si donc son travail offre encore matière à discussion, il ne semble pas que les objections puissent porter sur la propriété précieuse que possède le miroir tournant de séparer, par le déplacement angulaire de certaines images, les instants très rapprochés qui correspondent aux apparitions de phénomènes instantanés. C'est donc à juste titre qu'à peine sorti des mains de l'inventeur, l'instrument de M. Wheatstone fut adopté par M. Arago, comme devant servir à juger par une épreuve décisive les deux théories qui se disputent l'explication des phénomènes lumineux. Tous les physiciens ont lu et relu la note si intéressante dans laquelle le Secrétaire perpétuel de l'Académie des Sciences a exposé et développé son magnifique projet, et j'imagine qu'en réfléchissant profondément, ils ont dû arriver comme moi à cette conviction que l'expérience conçue par M. Arago se tenait sur la limite des choses possibles, et qu'avant de réussir, elle aurait à subir quelque modification.

M. Arago se proposait d'opérer sur deux rayons partant simultanément de deux sources situées sur une même verticale, et tombant, l'un à travers l'air, l'autre à travers un liquide, sur un miroir tournant ; la marche des deux rayons étant inégalement rapide à travers les milieux différents, le miroir tournant aurait eu pour fonction de rendre distincts les instants de leur arrivée à la surface réfléchissante. Voici, au reste, en quels termes M. Arago a résumé lui-même ses idées :

« Deux points rayonnants placés l'un près de l'autre et sur la même verticale brillent instantanément en face d'un miroir tournant. Les rayons du point supérieur ne peuvent arriver à ce miroir qu'en traversant un tube rempli d'eau ; les rayons du second point atteignent la surface réfléchissante sans avoir rencontré dans leur course aucun autre milieu que l'air. Pour fixer les idées, nous supposerons que le miroir, vu de la place que l'observateur occupe, tourne de droite à gauche. Eh bien, si la théorie de l'émission est vraie, si la lumière est une matière, le point le plus élevé *semblera à gauche* du point inférieur ; *il paraîtra à sa droite*, au contraire, si la lumière résulte des vibrations d'un milieu éthéré.

« Au lieu de deux seuls points rayonnants isolés, supposons qu'on présente instantanément au miroir une ligne lumineuse verticale. L'image de la partie supérieure de cette ligne se formera par des rayons qui auront traversé l'eau ; l'image de la partie inférieure résultera des rayons dont toute la course se sera opérée dans l'air. Sur le miroir tournant, l'image de la ligne unique semblera brisée ; elle se composera de deux lignes lumineuses verticales, de deux lignes qui ne seront pas sur le prolongement l'une de l'autre.

« L'image rectiligne supérieure est-elle moins avancée que celle d'en bas ? paraît elle à sa gauche ?

« *La lumière est un corps.*

« Le contraire a-t-il lieu? l'image supérieure se montre-t-elle à droite?

« *La lumière est une ondulation !* »

Réduite ainsi à sa plus simple expression, l'expérience de M. Arago est facile à concevoir ; il semble qu'il n'y avait plus qu'à se mettre à l'œuvre ; mais c'est en suivant la discussion des conditions matérielles auxquelles il faut satisfaire, que l'expérimentateur entrevoit des difficultés sérieuses.

Quelle vitesse de rotation faut-il communiquer au miroir? Quelle étendue d'air ou d'eau convient-il de disposer sur le trajet des rayons pour que la lumière soit retardée ou accélérée dans sa marche à travers le milieu réfringent au point de donner, par réflexion, des images distinctes? Quelle source de lumière présentera la vivacité et l'instantanéité requises? Sur tous ces points, on trouve dans la note de M. Arago les indications les plus précises.

En supposant qu'une déviation d'une demi-minute fût observable dans une lunette, une colonne d'eau de 14 mètres de longueur n'eût exigé, pour la produire, que mille tours du miroir par seconde. Mais, comme il fallait se ménager quelque latitude, comme des circonstances imprévues pouvaient dérouter les prévisions les plus réfléchies, M. Arago s'était réservé d'agrandir au besoin le phénomène par la multiplication des miroirs tournant alternativement en des sens différents, et destinés à se renvoyer successivement l'un à l'autre les deux faisceaux dont la divergence eût augmenté à chaque réflexion, et proportionnellement au nombre des miroirs. Il indiquait aussi, comme ressource précieuse, d'employer, au lieu d'eau, un milieu plus réfringent, le sulfure de carbone, qui n'est pas moins transparent.

En portant à quatre le nombre des miroirs, en ne cherchant que des déviations d'une demi-minute, et en laissant l'eau pour le sulfure de carbone, la longueur nécessaire du tube destiné à le contenir se réduisait finalement à $2^{m},2$.

Il est évident que le nombre des miroirs et le nombre des tours, leur distance à la source, la différence des indices de réfraction des deux milieux traversés, et la grandeur de la déviation relative, sont autant de quantités assujetties à une dépendance mutuelle et faciles à enchaîner dans une même formule. On peut, sur le papier, les faire varier d'une manière arbitraire en certaines limites, mais c'était au tâtonnement à désigner les valeurs les plus favorables à l'observation.

La pièce la plus importante et la plus nouvelle de cet appareil était la machine qui devait communiquer aux miroirs le mouvement de rotation. La construction en fut confiée à M. Bréguet, dont le talent garantissait une réussite complète. Après plusieurs années de travail, M. Bréguet se trouva en mesure de monter une machine de rouages à dents obliques, dont le dernier axe portait un miroir d'acier de 1 centimètre de diamètre; quand on appliquait sur le premier mobile une force motrice suffisamment grande, on voyait le miroir s'animer d'un mouvement de rotation très rapide. Il était facile d'en apprécier la vitesse et de la déduire des mouvements lents et directement observables des premiers mobiles, et de s'assurer que l'axe porteur du miroir exécutait réellement 1.500 tours par seconde. Un jour M. Bréguet essaya de supprimer le miroir, et il vit que le dernier axe ainsi soulagé pouvait acquérir une vitesse de 6 à 8.000 tours par seconde. On crut alors que la présence de l'air était l'obstacle qui empêchait le miroir de prendre une vitesse pareille, et l'on eut recours aux dispositions nécessaires pour faire marcher la machine dans le vide; mais, sous le récipient destiné à prévenir l'accès de l'air, la marche du miroir ne s'est pas accélérée comme on s'y attendait. C'est que la résistance provient surtout de la masse à mouvoir et de son excentricité sur l'axe de rotation; or la masse, il faut l'accepter; quant à l'excentricité, il paraît que les soins les plus minutieux apportés par le constructeur n'ont pas suffi jusqu'ici à la rendre sensiblement nulle.

Je dois encore donner sur l'appareil de M. Arago un renseignement important, et indiquer comment on devait procéder à l'observation.

Quand on se borne à l'emploi d'un seul miroir agissant par ses deux surfaces, ce qui est le cas le plus simple et le plus abordable, le double faisceau est toujours réfléchi, mais il l'est dans une direction quelconque, absolument indéterminée, ainsi que la position dans laquelle la lumière, en arrivant, rencontre la surface réfléchissante. Si, comme l'avait fait M. Wheatstone dans une autre circonstance, M. Arago avait cru devoir établir entre l'appareil excitateur de la lumière instantanée et l'appareil du miroir tournant, une dépendance qui ne permît aux éclats de se produire qu'au moment où le miroir occupe telle ou telle position plus ou moins bien déterminée, la direction du rayon réfléchi l'eût été également, et le champ d'observation, ainsi restreint entre certaines limites, aurait permis à un seul observateur de viser toujours utilement dans une direction connue d'avance. Mais, dans le projet de M. Arago, il n'était pas question d'établir une telle relation; l'illuminateur et le miroir tournant devaient conserver une indépendance complète, et laisser au hasard à décider de la direction des rayons réfléchis. C'est pourquoi il fallait multiplier les observateurs, et répéter l'expérience plusieurs fois par seconde, et un très grand nombre de fois, jusqu'à ce qu'une heureuse coïncidence dirigeât les faisceaux réfléchis dans le voisinage de l'axe d'une des nombreuses lunettes braquées autour du miroir tournant et visant toutes sur lui. En employant plusieurs miroirs indépendants les uns des autres, bien des éclats se seraient produits en pure perte avant que la réflexion eût lieu réellement sur tous, et la chance favorable à l'un quelconque des observateurs diminuait avec une grande rapidité. La disposition que j'ai adoptée a surtout pour but de lever toute incertitude sur la position des rayons réfléchis; mais, avant de la décrire, je dois encore parler de l'expérience de M. Fizeau, expérience par laquelle un physicien put mesurer, pour la première fois, la vitesse de la lumière se propageant dans l'air entre deux stations choisies à la surface de la terre.

L'appareil imaginé par M. Fizeau présente à considérer deux parties distinctes : un système de deux lunettes visant l'une sur l'autre à très grande distance, et destinées à limiter la course des rayons lumineux et à les renvoyer exactement à leur point de départ; puis un disque tournant partagé à sa circonférence, à la manière des roues dentées, en intervalles égaux, alternativement vides et pleins, et susceptible de prendre, par l'action d'un moteur, des vitesses variables à volonté.

Les deux lunettes A et B sont dirigées l'une vers l'autre, de manière que l'image de l'objectif de chacune d'elles se forme au foyer de l'autre. La lumière provenant latéralement d'une source très vive est dirigée dans l'axe du système par une glace sans tain inclinée à 45 degrés sur cet axe et placée entre l'oculaire et le foyer de la lunette A. Tout ce qui tombe de lumière sur l'objectif de A, après avoir traversé en son foyer le lieu de l'image très petite de l'objectif de l'autre lunette B, se dirige vers celui-ci en obéissant à la loi des foyers conjugués. En vertu de la même loi, les rayons vont ensuite concourir au foyer de la seconde lunette B, en une image qui représente, sous de très petites dimensions, l'objectif de la première ; puis cette image tombant sur un miroir normal, le faisceau qui l'a formée se réfléchit sur lui-même, traverse successivement les deux objectifs, quelle que soit leur distance, et vient, en convergeant, repasser exactement au foyer de A, son point de départ. On constate aisément leur retour : en mettant l'œil à l'oculaire, on aperçoit une image très petite, un point lumineux semblable à une étoile.

Le temps que la lumière emploie à traverser deux fois l'appareil dans toute sa longueur dépend évidemment de la distance des deux lunettes ; et quand on rend cette distance suffisamment grande, il devient sensible et mesurable par l'emploi du disque tournant.

La position à donner au disque est définie par la condition du parallélisme de son axe de rotation avec l'axe optique commun aux deux lunettes, et par la nécessité de faire passer les dents qu'il porte à sa circonférence par le point de rencontre des rayons qui se croisent au foyer de A avant et après leur incursion dans l'appareil.

Ces conditions étant satisfaites, le disque en tournant a pour effet d'opposer et de lever périodiquement un même obstacle au passage des rayons marchant en sens inverses, les uns pour aller, les autres pour revenir. Comme la vitesse de la lumière n'est pas infinie, comme la distance à parcourir est très grande, les instants précis du départ et du retour d'un même rayon ne coïncident pas exactement ; ils sont sensiblement postérieurs l'un à l'autre, et il est possible de donner au disque une vitesse telle que tout rayon qui passe librement entre deux dents soit intercepté à son retour par une dent qui aura eu le temps de venir lui faire obstacle. Il est également possible de donner au disque telle autre vitesse qui permettra à tout rayon admis entre deux dents de repasser par un autre intervalle. Mais, comme les changements de vitesse ont lieu d'une manière continue, les phénomènes aussi varient peu à peu, et traversent graduellement leurs différentes phases. Au moment où le disque commence à se mouvoir, l'observateur aperçoit au foyer de l'oculaire le point lumineux brillant au point de concours des rayons réfléchis qui reviennent vers lui; puis en prenant un mouvement de plus en plus rapide, le disque détermine un affaiblissement progressif et même une extinction complète des rayons de retour. Par des vitesses toujours croissantes, à cette première éclipse succède un second éclat, puis une seconde éclipse, et ainsi de suite, autant de fois que le permet la puissance des moyens mécaniques dont on dispose. L'observation consiste à produire, à soutenir et à mesurer, au moyen d'un compteur inhérent à la machine, la vitesse de rotation correspondante à une éclipse dont on note le numéro d'ordre. La distance des deux lunettes, étant connue, donne la moitié de l'espace franchi par la lumière pendant le temps que le disque emploie à parcourir un espace angulaire mesuré pour la première éclipse, par l'arc sous-tendu par une seule dent, et mesuré pour les éclipses suivantes, par le même arc multiplié par le terme de la série naturelle des nombres impairs, correspondant au numéro d'ordre de l'éclipse observée.

M. Fizeau avait placé la lunette à oculaire dans le belvédère d'une maison située à Suresnes, et la lunette à réflexion sur la hauteur de Montmartre, à une distance approximative de 8.633 mètres. Le disque, portant 720 dents, était monté sur un rouage mû par des poids; un compteur permettait d'apprécier la vitesse de rotation. La lumière était empruntée à une lampe à éther, dont la flamme, alimentée par l'oxygène, était projetée sur un fragment de chaux, de manière à y exciter une vive incandescence.

Les premiers essais tentés jusqu'à présent par cette méthode ont fourni une valeur de la vitesse de la lumière peu différente de celle qui est admise par les astronomes. La moyenne, déduite de vingt-huit observations, donne, pour cette valeur, 70.948 lieues de 25 au degré.

Le travail de M. Fizeau date déjà de plus de trois années; il a paru sous forme d'extrait, au mois de juillet 1849, dans les *Comptes rendus de l'Académie des Sciences*. Depuis cette époque jusqu'au moment où j'ai annoncé le succès de mon entreprise (30 avril 1850), on n'a rien publié, que je sache, concernant le même sujet. Si le résumé que je viens de tracer n'est pas encore complet, j'ai du moins cette confiance que les faits y sont appréciés d'une manière équitable. En rappelant parmi les astronomes les noms illustres de Roëmer et de Bradley, en citant parmi les physiciens contemporains des noms tels que ceux de MM. Wheatstone, Arago et Fizeau, auxquels est venu se joindre tout naturellement celui de l'habile mécanicien M. Bréguet, je crois avoir décrit l'état où se trouvait ce rameau de la science physique au moment où j'ai commencé à m'en occuper activement, et à mettre à exécution un projet conçu depuis plusieurs années, dans le but de mesurer directement la vitesse de la lumière dans l'air et dans des milieux plus réfringents.

MÉTHODE GÉNÉRALE POUR MESURER LA VITESSE DE LA LUMIÈRE DANS LES MILIEUX TRANSPARENTS. — VITESSES RELATIVES DE LA LUMIÈRE DANS L'AIR ET DANS L'EAU.

Le propre de la nouvelle méthode qui me reste à décrire est d'offrir le moyen d'opérer à petite distance, et d'évaluer le temps qu'emploie la lumière à franchir un intervalle de quelques mètres. Pour la définir nettement, aussi bien que pour la distinguer de celles qui ont été proposées auparavant, il suffit d'énoncer son caractère essentiel, lequel consiste dans l'*observation d'une image fixe d'une image mobile.*

Le miroir tournant, associé à un objectif de lunette, donne aisément une image mobile d'un objet fixe ; mais, ce qui n'est pas moins vrai, quoique moins évident peut-être, c'est qu'au moyen d'une réflexion sur un miroir fixe, le même système optique est très propre à redonner une image fixe de l'image mobile.

Je vais d'abord établir ce premier point, après quoi je montrerai que le mouvement de rotation du miroir produit un déplacement de l'image fixe, *une déviation* qui donne la vitesse de la lumière dans le milieu traversé en fonction de quantités faciles à mesurer.

Le changement de milieu, toutes choses restant égales d'ailleurs, permet de modifier la déviation, de manière à montrer comment la vitesse de la lumière se lie aux indices de réfraction. J'insisterai sur ce genre de comparaison, qui est le but principal de ce travail, et je ferai connaître la disposition qui permet d'opérer sur plusieurs milieux à la fois, et d'observer simultanément et comparativement les déviations correspondantes. Je compléterai ensuite la description des appareils, et j'y joindrai le détail des précautions nécessaires pour assurer le succès de l'expérience et favoriser l'exactitude des mesures.

DISPOSITION GÉNÉRALE DE L'EXPÉRIENCE

On place sur une même ligne horizontale : 1° une mire formée par un fil fin de platine tendu au milieu d'une petite ouverture carrée de $0^{m},002$ de côté, taillée dans une lame opaque; 2° le centre optique d'un objectif achromatique ; et 3° le centre de figure d'un miroir plan, susceptible de tourner autour d'un axe vertical passant très près de sa surface réfléchissante. On dirige et l'on fixe par un héliostat un faisceau de lumière solaire dans l'alignement de ces trois pièces. La mire laisse alors passer une certaine portion de lumière qui se rend sur l'objectif placé à une distance un peu moindre que le double de sa distance focale principale ; réfractée par cet objectif, la lumière se réfléchit sur le miroir plan et va former dans l'espace une image amplifiée de l'ouverture et de son fil. Comme on dispose à volonté de la distance de l'objectif à la mire, on fait varier par suite arbitrairement la distance de son image au miroir, et, quand celui-ci vient à tourner, l'image se meut dans l'espace sur une circonférence dont le rayon peut prendre telle étendue qu'on voudra.

Ainsi s'obtient l'image mobile dont on peut recevoir et distinguer la trace sur un écran. Pour obtenir l'image fixe, il faut placer sur la circonférence décrite par l'image mobile la surface réfléchissante d'un miroir sphérique, concave, tellement orienté que son centre de courbure vienne coïncider avec le centre de figure du miroir tournant ; quand cette condition est remplie, le faisceau tournant est réfléchi sur lui-même pendant tout le temps qu'il rencontre le miroir concave dont tous les éléments sont normaux à son axe ; et, de plus, le faisceau continue à remonter l'appareil jusqu'à la mire, son point de départ, qu'il recouvre d'une image droite et de grandeur naturelle, tous les points de l'image se superposant aux points homologues de la mire elle-même.

En effet, soit ab (Pl. I, fig. 1), un objet, et $a'b'$ son image, formée par l'objectif L et tombant à la surface réfléchissante d'un miroir concave M ; soit c le point de l'espace où l'on placera plus tard le centre de figure d'un miroir tournant ; si le miroir concave a son centre de courbure au point c, le faisceau réfléchi à sa surface ira repasser en majeure partie par l'objectif pour reformer sur l'objet ab une image droite et de grandeur naturelle ; car, du moment où la lumière retourne vers l'objectif, l'image $a'b'$ devient un objet dont le point a' est au foyer conjugué de a, et le point b' au foyer conjugué de b. Donc, toute lumière revenant de a' et passant par l'objectif doit se rendre en a ; toute lumière revenant de b' doit se rendre en b, et ainsi de même pour tous les autres points : donc, l'objet ab est recouvert d'une image égale à lui-même et semblablement située.

Maintenant on place le miroir plan m sous une obliquité quelconque ; et pour savoir où va se former l'image réfléchie $a''b''$, on a recours à une construction bien connue : on prolonge la trace $c\mu$ du plan du miroir et l'on détermine, pour les points $a''b''$, les positions symétriques d'un côté de ce plan avec celles qu'occupent, de l'autre côté, les points $a'b'$; on place alors le miroir concave en M' et on l'oriente en faisant tomber son centre de courbure au point c ; le faisceau lumineux retourne alors au miroir plan, de là vers l'objectif, comme s'il provenait de $a'b'$, et il va former définitivement une image de l'objet ab sur l'objet lui-même.

Cette construction donne le même résultat, pour toute obliquité du miroir plan, car la démonstration est indépendante de la valeur de l'angle d'incidence ; donc il est indifférent que l'image mobile tombe en $a''b''$ ou en $a'''b'''$, et quelle que soit sa position à la surface du miroir M', l'image, en retour, coïncide invariablement avec l'objet ab. Pour constater, par expérience, l'invariabilité de position de cette image, on place obliquement à l'axe de l'objectif L, entre lui et l'objet ab, une glace épaisse à faces parallèles dont la surface g donne, par voie de réflexion partielle, une image $\alpha\beta$ facile à observer. Examinée avec un oculaire O, l'image $\alpha\beta$ garde absolument la même position, quelle que soit la direction de la partie mobile du faisceau comprise entre les deux miroirs plan et concave; elle est donc bien réellement *l'image fixe d'une image mobile*.

Dans l'appareil qui a servi, l'objet ab est la mire (fig. 5) telle qu'elle a été décrite ; l'objectif L a 1m,90 de foyer, et l'oculaire à micromètre (fig. 10) grossit de dix à vingt fois; le miroir tournant a 0m,014 de diamètre, et le rayon de courbure du miroir concave est de 4 mètres. La distance du miroir tournant à l'objet peut varier dans des limites très étendues, et la position de l'objectif est donnée par la nécessité de placer l'objet et la surface du miroir concave à deux de ses foyers conjugués.

Mettons actuellement le miroir en marche et faisons-le tourner d'abord lentement d'une manière continue, dans le sens indiqué par la flèche (fig. 1).

L'angle d'incidence variant progressivement et l'angle de réflexion devant rester toujours égal à celui-ci, le faisceau réfléchi tourne autour du point c, comme le miroir, mais avec une vitesse angulaire double ; l'image circule sur sa circonférence de cercle, et, à chaque tour du miroir plan, elle passe une fois sur le miroir concave en faisant naître, pour l'observateur, l'image $\alpha\beta$, qui reste éteinte pendant tout le temps compris entre deux passages consécutifs. Aussi, quand le nombre des tours du miroir est inférieur à trente par seconde, l'image ne brille-t-elle que par intermittences; pour des vitesses supérieures, les apparitions se succèdent assez rapidement pour se confondre les unes avec les autres par la persistance des impressions visuelles ; l'image $\alpha\beta$ semble alors permanente, et son intensité est réduite, pour l'observateur, dans le rapport de la circonférence entière à la moitié de l'arc réfléchissant du miroir concave.

Mais quand le miroir tourne suffisamment vite, un autre effet se produit, et l'on voit apparaître le phénomène important de la *déviation*. L'image $\alpha\beta$ se déplace sous le trait du micromètre oculaire et dans un sens tel qu'on la dirait entraînée par le mouvement du miroir. Ce déplacement montre que la durée de la propagation de la lumière entre les deux miroirs n'est pas nulle, et qu'elle peut être mesurée par la grandeur de la déviation elle-même.

Pour simplifier la démonstration, réduisons la source de lumière à un point unique a (fig. 2), ne considérons que le rayon central ac du faisceau qui s'engage dans l'appareil, et étudions sa marche au moment où le miroir tournant se présente sous l'incidence voulue pour l'envoyer faire image en un point a' sur un élément normal quelconque de la surface du miroir concave M. Réfléchi sur lui-même, ce rayon vient retrouver le miroir plan, mais déjà celui-ci a tourné, et le rayon, en s'y réfléchissant une seconde fois sous une incidence nouvelle, prend une direction nouvelle aussi, qui ne lui permet plus de former image à son point de départ, mais qui l'oblige à donner en a_1 une image déviée dans le sens du mouvement de rotation, et, par suite, une image α' également déviée pour l'observateur.

Il est facile de voir comment la grandeur de cette déviation est liée à la vitesse de la lumière, au nombre de tours du miroir dans l'unité de temps et aux distances qui séparent les différentes pièces de l'appareil.

Désignons par r la distance oa du centre optique de l'objectif à la mire, par l et l' les distances du miroir tournant au miroir fixe et au même centre optique o; nommons n le nombre de tours du miroir par seconde, π le rapport de la circonférence en diamètre, et V la vitesse de la lumière ou l'espace qu'elle parcourt en une seconde, d l'arc de déviation aa_1, égal à $\alpha\alpha'$, et prenons ω pour désigner l'angle dont le miroir a tourné pendant le temps qu'emploie la lumière pour aller et venir entre les deux miroirs.

Afin d'avoir l'angle de déviation δ exactement double de l'angle ω, je commencerai par négliger la distance l', c'est-à-dire par supposer l'objectif placé à une distance insensible du miroir tournant. Dans cette hypothèse, si l'on imprime au miroir une vitesse de n tours par seconde, la déviation d que l'on observe fera connaître l'angle $\omega = \frac{\delta}{2}$, dont tourne le miroir pendant que la lumière franchit la distance $2l$. Le rapport de l'angle ω à n fois quatre angles droits, ou le rapport de la déviation d à $2n$ fois la circonférence entière $2\pi r$, est alors égal au rapport de la distance $2l$ à celle que franchit la lumière en une seconde, ou égal à $\frac{2l}{V}$, ce qui donne

$$d = \frac{8\pi lnr}{V}.$$

Mais, en réalité, l'objectif ne se confond jamais avec le miroir tournant, et même l'expérience exige qu'on établisse entre eux une distance telle, que la déviation en est notablement diminuée. La correction qu'il faut faire subir à la valeur ci dessus ressort clairement de la construction représentée dans la figure 2.

On prolonge les traces $c\mu$, $c\mu'$ du plan du miroir tournant dans les deux positions qu'il occupe aux instants précis qui limitent la durée d'une excursion de la lumière vers le miroir concave, et l'on construit, relativement à ces traces, les points a'' et a''' symétriques du point a'. L'angle $a''ca'''$ est bien alors égal à $2\,\omega$, et serait égal aussi à l'angle de déviation, si l'objectif avait son centre appliqué en c ; mais comme, en réalité, cette condition ne peut être remplie, et comme l'objectif est toujours placé à une certaine distance l' du miroir, l'angle de déviation égal à l'angle opposé $a''oa'''$ est moindre que $a''ca'''$ égal à 2ω. Ces angles étant très petits et aux sommets de deux triangles qui ont même base $a''a'''$, donnent sensiblement, avec leurs hauteurs l et $l+l'$, la proportion

$$\delta : 2\,\omega :: l : l + l' ;$$

d'où il suit qu'au lieu d'avoir simplement

$$\delta = 2\omega, \quad \text{on a} \quad \delta = 2\omega \times \frac{l}{l+l'} .$$

En conséquence, il vient pour la véritable valeur de la déviation,

$$d = \frac{8\pi l^2 nr}{V(l+l')},$$

et, pour la vitesse de la lumière,

$$V = \frac{8\pi l^2 nr}{d(l+l')} .$$

Cette formule peut servir en effet à calculer la vitesse de la lumière dans l'air avec une approximation qui dépend de la précision avec laquelle on mesure la déviation, ainsi que les diverses quantités représentées par les lettres l, l', r et n.

On arrive à la même expression en raisonnant de cette autre manière : la vitesse de la lumière est l'espace qu'elle parcourt dans l'unité de temps

$$V = \frac{e}{t};$$

or

$$e = 2l, \quad t = \frac{d(l+l')}{4\pi l r n};$$

remplaçant e et t par leurs valeurs, on trouve, comme précédemment,

$$V = \frac{8\pi l^2 n r}{d(l+l')}.$$

La même méthode s'applique à la mesure de la vitesse de la lumière dans tout milieu homogène et transparent que l'on placerait entre le miroir tournant et le miroir concave. Le milieu seul venant à changer sur toute la longueur de ce trajet, la déviation varierait dans le simple rapport des vitesses de la lumière dans le nouveau et dans l'ancien milieu. Si, par exemple, on remplit d'eau l'espace compris entre les deux miroirs, sans rien changer du reste, l'indice de réfraction de l'eau étant sensiblement égal à $\frac{4}{3}$, la déviation doit augmenter dans le rapport de 3 à 4, pour confirmer la théorie des ondulations, ou diminuer dans le rapport de 4 à 3 pour justifier le système de l'émission.

Mais quand on interpose une colonne d'eau comprise entre deux plans parallèles, on est obligé de laisser entre ces deux plans et chacun des miroirs une certaine distance; alors la distance l se trouve partagée en deux parties, l'une P occupée par le milieu réfringent, et l'autre Q où l'air persiste. En pareil cas, la déviation observée donne seulement la vitesse moyenne U de la lumière dans un espace occupé en partie par l'air et en partie par l'eau. Mais comme la vitesse V dans l'air est déjà connue, comme la vitesse moyenne U s'obtient de la même manière, comme on peut mesurer directement les longueurs P et Q, dont la somme est égale à l, on obtient facilement la vitesse V' de la lumière dans l'eau. En effet, la vitesse moyenne de la lumière dans le trajet P + Q est

$$U = \frac{(P+Q)VV'}{PV + QV'};$$

d'où l'on tire

$$V' = \frac{PVU}{(P+Q)V - QU}.$$

Au reste, pour trancher la question, qui intéresse à un si haut point la théorie, il n'est pas nécessaire de mesurer la vitesse de la lumière dans l'eau, ni de se préoccuper des moyens d'y parvenir ; il suffit de constater dans quel sens la déviation qui se produit en opérant uniquement dans l'air, se modifie quand on interpose une colonne d'eau assez longue pour produire un effet sensible ; mieux vaut encore disposer dans l'appareil deux lignes d'expériences, l'une pour l'air seul, l'autre pour l'air et l'eau, et observer simultanément les deux déviations correspondantes. La comparaison en devient alors tellement facile, qu'il est inutile de procéder à aucune mesure : on dispose les choses comme elles sont représentées dans la figure 3.

J'éviterai encore de compliquer le tracé géométrique de l'expérience, en réduisant, comme précédemment, le faisceau de lumière à son rayon central ; il est bien entendu que son point de départ, marqué en *a*, est toujours la mire (fig. 5) formée par une ouverture carrée, traversée en son milieu par un fil vertical, et dont l'image vue à l'oculaire offre l'aspect représenté figure 6.

A droite et à gauche du faisceau direct, et sur la trajectoire de l'image mobile, on place deux miroirs concaves M et M', dont les surfaces appartiennent à la même sphère ayant son centre en *c*. Chacun d'eux limite une distance, une ligne d'expérience qui s'étend de sa surface à celle du miroir tournant.

Le rayon mobile trouve à se réfléchir à chaque tour dans deux directions différentes, et quand il tombe sur M, et quand il tombe sur M' ; par suite, le nombre des apparitions de l'image α se trouve doublé ; autrement dit, cette image est en réalité produite par la superposition des impressions de deux images, l'une due au passage de la lumière suivant la ligne *c*M, l'autre due à son passage suivant *c*M'. Tant que les longueurs *c*M et *c*M' sont maintenues égales, tant que les milieux, traversés de part et d'autre, restent identiques, l'accélération du mouvement de rotation, produisant sur les deux images une même déviation, ne saurait les rendre distinctes l'une de l'autre. Mais l'interposition d'un milieu réfringent sur l'une des deux directions cM ou cM', altérant la symétrie parfaite du système, doit, en modifiant la vitesse de la lumière dans l'une des deux voies, produire le dédoublement $\alpha'\alpha''$ de l'image α. C'est, en effet, ce qui arrive lorsque, au devant du miroir M' on place le tuyau T rempli d'eau et terminé, à ses deux extrémités, par des glaces parallèles. Seulement, pour assurer le succès de l'expérience et en rendre le résultat plus apparent et plus rigoureux, il est nécessaire de prendre encore certaines précautions.

L'interposition du tube à eau apporte dans la marche des rayons un trouble dont il est facile de se rendre compte en considérant que la face d'entrée T agit sur le faisceau convergent, de manière à rapprocher de la normale tous les rayons, et à produire un allongement de foyer. Si, en l'absence du tube, l'image mobile vient tomber exactement sur la surface réfléchissante M', le tube étant remis en place, on observe que l'image paraît trouble à l'oculaire parce qu'elle tend à se former au delà du miroir concave.

Pour rétablir le degré de convergence nécessaire à la netteté de l'image en M', on place en avant du tube une lentille simple L' d'une très grande longueur focale, facile à déterminer par le tâtonnement ou par le calcul. Cela fait, l'image en retour présente la même netteté, soit qu'elle revienne par l'un ou l'autre chemin ; elle ne varie plus que par la couleur et l'intensité : blanche et vive, quand la lumière a constamment cheminé dans l'air, elle devient verte et sombre par l'interposition de la colonne d'eau, et si l'on n'avait recours à un artifice particulier, cette différence d'éclat ne permettrait pas de voir le dédoublement qui doit survenir avec la déviation.

Appelant *image dans l'air* la superposition des impressions produites par les réapparitions rapides de l'image formée après le parcours complet de la lumière dans l'air, et appelant *image dans l'eau* la superposition des impressions de la lumière dirigée dans l'autre voie, je vais montrer comment on les rend distinctes l'une de l'autre dans toutes les phases de l'expérience.

Faisons tourner le miroir à raison de plus de trente tours par seconde, afin d'avoir, en mettant l'œil à l'oculaire, une impression continue. Si l'on masque le miroir M', on ne voit que l'image dans l'air; si, au contraire, l'on transporte l'obstacle au devant du miroir M, on ne voit que l'image dans l'eau, et pour que l'une ou l'autre soit entièrement visible (fig. 6), il faut que le miroir concave, soit le miroir M' (fig. 4), reste découvert dans toute la hauteur de la trace *h* de l'image mobile à sa surface. Veut-on réduire la hauteur de l'image perçue, on n'a qu'à placer comme en M (fig. 4), au devant du miroir concave, un écran percé d'une fente dont la hauteur soit moindre que celle de la trace *h*; nécessairement l'image perçue se réduit d'autant, et prend l'aspect représenté figure 7.

Couvrons donc le miroir M de son écran fendu, dégageons complètement le miroir M', faisons tourner le miroir assez vite pour confondre les impressions sans donner encore de déviation sensible; il est évident que l'image perçue sera formée de la superposition de l'image dans l'eau, conservant toute sa hauteur, son intensité, et sa couleur propre, et de l'image dans l'air, plus vive et plus basse, traversées toutes deux par le même trait vertical et rectiligne : *α* sera une image résultante, telle que celle représentée figure 8.

Pour compléter l'appareil, il ne reste plus qu'à placer au foyer de l'oculaire un verre plan marqué d'un trait vertical qui, pour une rotation lente ou même nulle du miroir tournant, se confonde avec le trait médian, image du fil de la mire. Alors on peut lancer le miroir à toute vitesse, et à mesure que sa rotation s'accélère, on voit l'image se transporter en masse et se disloquer, ainsi que dans la figure 9; le trait fixe appartenant à l'oculaire reste là comme point de repère très propre à faire juger des grandeurs absolues et relatives des deux déviations.

En fait, la déviation de l'image est toujours *moindre* que celle des portions visibles de l'image verte, qui la dépasse en haut et en bas. Si, par exemple, on adopte pour l'expérience les données suivantes :

$r = 3$ mètres	$n = 500$
$l = 4$ mètres	$P = 3$ mètres
$l' = 1^{m},18$	$Q = 1$ mètre

on a pour l'image blanche une déviation de $0^{mm},375$, et pour l'image verte une déviation de $0^{mm},469$; leur différence ne peut évidemment pas échapper à l'observation.

Mais l'image blanche, c'est l'image dans l'air, et sa déviation donne la mesure de la durée du séjour de la lumière entre les deux miroirs ; l'image verte, c'est l'image dans l'eau, et sa déviation donne aussi la mesure du temps correspondant à une même distance parcourue. Nous arrivons donc à cette conclusion définitive et à tout jamais inconciliable avec le système de l'émission :

La lumière se meut plus vite dans l'air que dans l'eau.

DESCRIPTION DES APPAREILS. — DÉTAILS PRATIQUES SUR LA MISE EN EXPÉRIENCE

Quand j'ai résolu d'abord cette opération délicate, mon premier soin a été de me procurer un moteur spécial pour communiquer au miroir un mouvement de rotation rapide et persévérant. M. Wheatstone, l'inventeur du miroir tournant, employait une machine qui agissait comme une sorte de rouet au moyen d'un cordon embrassant les circonférences inégales d'une roue motrice et d'une petite poulie solidaire avec l'axe du miroir ; il obtenait ainsi une vitesse de 6 à 800 tours par seconde. M. Bréguet, chargé par M. Arago de réaliser une vitesse plus grande encore, a construit la machine déjà citée qui a paru à l'Exposition des produits de l'industrie pour l'année 1844. L'application de l'engrenage de White aux derniers mobiles, et l'extrême légèreté du miroir, permirent d'atteindre de 1.000 à 1.500 tours par seconde. Au moment de choisir entre les deux systèmes, j'ai redouté les effets destructeurs de ces divers modes de communication de mouvement ; j'ai craint de ne pas pouvoir modifier à volonté la vitesse suivant le besoin, et la maintenir constante pendant un temps suffisamment long. J'ai pensé, au contraire, obtenir vitesse, solidité et régularité de marche en adoptant une petite machine qui utilise l'écoulement des gaz par les orifices étroits.

Cette machine consiste en une petite turbine à vapeur (fig. 11), assez comparable à la sirène, mais qui donne comparativement peu de son. Le même axe, sur lequel est fixée la couronne des palettes exposées à l'action du fluide, porte aussi le miroir, ce qui réduit toute la partie mobile de l'appareil à une pièce unique sur laquelle ont dû se concentrer tous les soins du constructeur, sur laquelle doit porter également toute la surveillance de l'expérimentateur. En jetant les yeux sur la figure, on saisit au premier coup d'œil la disposition générale de la machine.

Au milieu se trouve une sorte de chambre qui communique avec le générateur de vapeur. Cette chambre, représentée en détail figures 12 et 13, est échancrée de manière à permettre d'ôter et de remettre l'axe à sa place sans démonter les annexes qu'il porte ; elle repose (fig. 11) sur deux colonnes réunies inférieurement par une traverse; une arcade la surmonte dans le but d'offrir avec la traverse inférieure les deux points d'appui qui déterminent la position de l'axe du mobile. Cet axe est terminé en pointe à ses extrémités qui s'engagent dans des empreintes coniques, pratiquées au bout des vis d'acier maintenues par des contre-écrous, l'une au sommet de l'arcade, l'autre au milieu de la traverse; ces vis sont d'ailleurs traversées d'outre en outre par un canal étroit, creusé pour le passage de l'huile déposée dans les petits réservoirs qui les terminent en haut et en bas.

Le réservoir supérieur fonctionne de la manière la plus simple : un tube de caoutchouc lui communique, par l'intermédiaire de l'air contenu dans un flacon, la pression d'une colonne de mercure de $0^{m},15$ à $0^{m},20$. Sous l'influence de cette pression, l'huile pénètre dans le canal de la vis et vient suinter à l'extrémité supérieure de l'axe. Le réservoir inférieur supporte aussi une égale pression; mais comme il s'agit de faire monter l'huile au-dessus de son niveau, la vis se prolonge par un tube plongeant qui pénètre jusqu'au fond d'un godet intérieur dont les parois n'étant pas rigoureusement en contact avec celles du réservoir, laissent la pression se transmettre librement par l'air à la surface de l'huile. Par ce moyen, les deux extrémités de l'axe du mobile sont incessamment et abondamment lubrifiées.

Si maintenant on examine le mobile lui-même, on voit que son axe porte trois appendices différents : l'un situé au-dessus et les deux autres au-dessous de la chambre à vapeur.

Le premier seulement a la forme circulaire (fig. 14). C'est un disque analogue à celui de la sirène et percé d'une rangée de 24 trous situés à égales distances du centre; les cloisons qui les séparent sont planes, minces et inclinées de manière à recevoir le choc du fluide élastique et à fonctionner comme aubes de la turbine. La vapeur s'échappe de la chambre placée au-dessous (fig. 13), par deux orifices pratiqués aux extrémités d'un même diamètre dans l'épaisseur de la paroi et percés obliquement en sens inverse de l'inclinaison des palettes du disque tournant. Comme ce disque est placé très près de la paroi sous-jacente, le fluide qui s'écoule des orifices fixes est obligé de changer de direction et produit une réaction qui sollicite successivement toutes les aubes à circuler dans le même sens, autour de leur centre commun.

Il eut été plus conforme à la théorie d'employer des aubes courbes; mais j'en ai été détourné par les difficultés qu'on aurait rencontrées pour les construire avec toute la régularité désirable; d'ailleurs il ne s'agit pas, en pareille circonstance, de réaliser un effet utile, mais bien d'obtenir une certaine vitesse. Or, comme la force motrice est à discrétion, on arrive facilement, avec des aubes plates, à réaliser les vitesses que comportent la délicatesse des pivots et la résistance de la matière au développement excessif de la force centrifuge. En laissant écouler la vapeur sous une pression d'une demi-atmosphère seulement, on fait prendre au mobile une vitesse de 6 à 800 tours; le calcul et la manifestation de certains phénomènes s'accordent à montrer qu'il ne serait pas prudent d'aller beaucoup au delà. Quand on compare ce résultat à celui qu'a obtenu M. Bréguet, il semble que la turbine à vapeur reste en arrière de la machine à roues dentées; mais si l'on compare les dimensions des miroirs entraînés dans les deux cas, on trouve que l'avantage est encore à la nouvelle machine : pour l'observation, il vaut mieux faire 800 tours avec un miroir de $0^m,014$, que 1.200 avec un miroir de $0^m,010$ de diamètre.

Dans sa partie inférieure (fig. 11), l'axe est interrompu par un anneau dans lequel on enchâsse un ou deux miroirs placés dos à dos; des viroles à vis les maintiennent en place, en exerçant une pression modérée ; les miroirs sont en verre, taillés dans une même glace parallèle et argentés sur les faces qui ont appartenu au même côté de la glace. L'étamage au mercure ne résiste pas à une rotation de plus de 200 tours par seconde, même après s'être consolidé par le temps et après être demeuré deux ou trois années en repos. La partie réfléchissante de l'amalgame qui reste toujours liquide, chassée par la force centrifuge, se réfugie vers les bords, s'écoule dans la monture, et l'on voit apparaître au milieu du miroir une bande mate, qui s'étend de proche en proche, et finit par envahir la surface tout entière : voilà pourquoi il a fallu recourir à l'étamage solide à l'argent tel qu'on commence à l'appliquer régulièrement dans le commerce.

Entre l'anneau récepteur des miroirs et la chambre à vapeur, l'axe reparaît dans une étendue suffisante pour recevoir un dernier annexe de forme triangulaire, et muni de trois vis susceptibles de se déplacer dans le sens vertical. Cet organe est destiné à rétablir après coup, par la distribution de sa masse, la coïncidence de l'axe d'inertie du système tournant, avec son axe de figure. En cela il joue un rôle très important. Quelque soin qu'on apporte dans la construction pour rendre le mobile parfaitement symétrique, l'hétérogénéité de la matière ne permet pas de faire passer d'emblée l'axe d'inertie par les pointes qui déterminent l'axe de rotation. L'appareil vibre en tournant ; il se produit un son dont l'intensité menace les pivots d'une prompte destruction. L'adjonction du *compensateur d'inertie* permet de remédier à cet inconvénient redoutable. Un coup de lime, appliqué méthodiquement sur un ou deux des trois sommets du triangle, ramène d'abord le centre de gravité du système sur l'axe de figure, qui déjà croise ainsi l'axe d'inertie. Pour redresser ce dernier et le faire coïncider avec l'autre, il n'y a plus qu'à déplacer convenablement deux des vis du compensateur[1].

1. Voici comment on procède à ces deux rectifications : On retire le mobile et on le place horizontalement en le faisant reposer par ses extrémités sur deux glaces inclinées suivant un angle moindre que celui des deux génératrices des cônes terminaux. Dans cette situation, le mobile tourne avec une extrême facilité ; et si son centre de gravité n'est pas exactement sur la ligne des pointes, il oscille autour d'une position d'équilibre avec une vitesse qui donne la notion du sens et de la grandeur de la correction à faire ; on use alors à la lime ceux des sommets du compensateur qui, dans la position d'équilibre, se placent au-dessous du plan horizontal, mené par l'axe du corps ; peu à peu on arrive à rendre l'équilibre indifférent, et dès lors les axes de figure et d'inertie se coupent au centre de gravité du système.

Il se peut néanmoins qu'ils fassent encore un certain angle entre eux : on en est averti par la persistance du son d'axe et des vibrations qui l'accompagnent lorsque, le mobile étant remis en place, on vient à faire fonctionner la machine. Il faut procéder à

Quelque soin que l'on prenne pour opérer cette rectification, on ne réussit jamais à annuler complètement les vibrations sonores qui se développent sur les pivots ; car, lors même qu'on arriverait à distribuer la masse de manière à équilibrer le système ainsi qu'à annuler le couple résultant des forces centrifuges, les pivots n'étant pas rigoureusement de révolution, produiraient encore des chocs ou des pressions périodiques qui suffisent pour engendrer un son; mais on réussit au moins à placer la machine dans de telles conditions, qu'elle peut marcher des heures entières sans détérioration appréciable ; ce qui est le point essentiel et constitue la solution pratique des difficultés qui s'opposaient à l'emploi régulier du miroir tournant.

Quant à la dureté qu'il faut communiquer aux extrémités de l'axe et des vis d'acier qui le maintiennent en place, pour ralentir l'usure aux points de contact, je m'en suis complètement remis aux soins et à l'expérience consommée de M. Froment, notre habile artiste français, qui m'a si puissamment secondé, et dont le nom rappelle déjà de si nombreux et si parfaits ouvrages.

A côté de la petite turbine représentée conformément à la description que je viens d'en donner, on voit, dans la figure 11, les deux flacons destinés à régler l'alimentation d'huile; remplis d'air, ils communiquent chacun avec l'un des réservoirs précédemment décrits. Quand on veut développer la pression, on verse du mercure dans le tube vertical qui plonge au fond de chacun des flacons. L'air se comprime et exerce une pression mesurée par la hauteur de colonne soutenue à l'intérieur du tube. En vertu de la parfaite adaptation

une seconde rectification beaucoup plus délicate encore que la première ; pour cela on s'en prend aux vis à régler, que je désignerai par les numéros d'ordre 1, 2, 3. On surcharge d'abord la vis n° 1 de quelques centigrammes de cire à l'une de ses extrémités, et l'on en fait autant sur le milieu du côté opposé au compensateur. Le centre de gravité ne change pas de position ; cependant, quand on met la machine en action, il peut arriver que les vibrations soient devenues moins ou plus intenses, ou bien qu'il ne soit survenu aucun changement appréciable. Dans le premier cas, il faut agir sur la vis n° 1 dans le sens de la surcharge ou en sens opposé ; dans le cas contraire, il faut la laisser en place et agir sur les vis 2 et 3. On tâte alors dans quel sens il faut les déplacer, en les surchargeant simultanément, en sens inverse, de petites masses égales, que l'on équilibre par deux masses semblables placées aux deux bouts de la vis n° 1, et l'on agit peu à peu en les déplaçant dans le sens indiqué jusqu'à ce qu'on n'obtienne plus d'amélioration sensible ; puis on revient à la vis n° 1, et ainsi de suite, de manière à atténuer, autant que possible, le son d'axe, par cette méthode d'approximations successives.

des cônes terminaux dans leurs creux respectifs, l'huile est gardée sous une pression de 0m,15 à 0m,20, et ne suinte que très lentement quand la machine fonctionne.

Le générateur chargé de fournir un écoulement constant de fluide élastique est une simple chaudière semblable à celles qui, dans les cabinets de physique, sont annexées aux petits modèles de la machine de Watt. Je ne m'arrêterai donc pas à la décrire. Je dirai seulement que sa capacité est de 25 litres, qu'elle est pourvue d'un manomètre, d'une soupape, d'un tube jaugeur du niveau, et d'un ajutage à robinet pour régler la dépense de la vapeur et sa vitesse d'écoulement. Le tube de communication qui se rend à la turbine a dû être garni de plusieurs épaisseurs de lisières pour diminuer la perte de chaleur par rayonnement, et réduire autant que possible la condensation qui en résulte.

Malgré cette précaution, la vapeur arrivait au petit moteur tellement chargée de liquide, qu'il a fallu la surchauffer avec une forte lampe à esprit-de-vin avant son admission dans la turbine. La pièce destinée à cette opération, ou le *surchauffeur*, est un tube en métal aplati, tel qu'on le voit dans la figure, et qui porte un robinet à trois fins pour la mise en train. Dans sa position normale, ce robinet permet la libre communication de la chaudière à la turbine; mais en agissant sur la clef dans un sens ou dans l'autre, on suspend l'écoulement, ou l'on dirige la vapeur à l'extérieur par un tube additionnel sans la laisser passer à travers la machine. C'est ainsi qu'on rejette au dehors l'eau qui se condense au moment de la mise en train dans l'intérieur du tube de communication. Dès que l'eau cesse d'être entraînée en quantité notable, on remet le robinet à trois fins dans sa position normale; aussitôt la vapeur se dirige à travers le surchauffeur et va agir sur la turbine comme un gaz véritable. Quand l'écoulement est ainsi établi, on en règle la vitesse au moyen du robinet ordinaire qui tient à la chaudière et qui s'ajuste au tube de communication. Afin d'agir sur la clef de ce robinet, du lieu même où l'on observe, on se sert d'un cordon enroulé sur un petit treuil placé à la portée de la main.

Il va sans dire que, pour conserver la netteté des images, le miroir tournant doit être abrité par des écrans convenablement disposés, contre les rejaillissements de la vapeur et de l'huile, et contre l'interposition des courants d'air échauffés.

Il importe également de conserver à la colonne d'eau qui fait partie de l'appareil toute sa transparence et son homogénéité. Placée dans un tube de zinc entre des glaces parallèles, cette eau se présente aux rayons qui vont et viennent, sous une épaisseur de 3 mètres; c'est en réalité comme si l'on opérait sur une épaisseur double. Or, il est évident que pour une épaisseur de 6 mètres, la coloration la plus faible ajoutée à celle du milieu, ou la suspension des particules les plus rares, produirait bientôt une extinction complète des rayons qui s'y propagent, de même que les plus petites variations de densité troubleraient leur marche, au point de compromettre les observations. J'ai reconnu que l'eau commune qui a passé par le filtre des fontaines ordinaires présente toute la limpidité désirable, et même une transparence bien supérieure à celle de l'eau distillée, dans laquelle flottent toujours des matières organiques qui se reproduisent sans cesse; mais pour que cette eau restât claire, pour éviter qu'elle se chargeât de flocons d'oxyde de zinc, il a fallu recouvrir le métal d'une forte couche de vernis. Puis, en ayant soin de ne pas remplir le tube, on se réserve la facilité de rétablir, par l'agitation, l'homogénéité du milieu, malgré les variations inévitables de la température ambiante. Enfin il peut arriver que, malgré toutes ces précautions, l'image à l'oculaire soit encore trouble et difforme; c'est qu'alors les glaces qui terminent la colonne d'eau sont forcées dans leurs montures; il faut en pareil cas leur donner du jeu dans les sertissures et recourir simplement à la cire pour prévenir l'écoulement du liquide sans exercer de pressions inégales.

Jusqu'ici, rien ne laisse supposer que je me sois préoccupé des moyens de mesurer la vitesse de rotation du miroir; c'est qu'en effet, tant qu'il ne s'agit que d'apprécier les vitesses relatives de la lumière dans l'air et dans l'eau, la détermination du mouvement angulaire du miroir n'offre qu'un intérêt secondaire. Cependant, ne fût-ce que pour connaître la puissance du moteur que j'avais adopté, j'ai mis à profit le son que donne l'axe en tournant avec rapidité, pour le comparer à celui d'un diapason étalonné, et pour déduire approximativement de l'intervalle musical de ces deux sons, le nombre de tours du mobile sur lui-même; j'ai ainsi reconnu que la petite turbine à vapeur acquiert facilement, par une pression de $\frac{1}{2}$ atmosphère, une vitesse de 6 à 800 tours par seconde. Mais déjà, par une vitesse de 512 tours, qui donne l'unisson de l'ut_4, la question est jugée; la déviation a lieu simultanément pour les deux images, et la déviation de l'image dans l'eau est manifestement plus grande que celle de l'image dans l'air. De plus, en tenant compte des longueurs d'air et d'eau traversées, les déviations se montrent sensiblement proportionnelles aux indices de réfraction.

RÉSUMÉ. — CONCLUSION

Depuis nombre d'années, deux systèmes rivaux prétendent à l'explication des phénomènes lumineux. Parmi ces phénomènes, l'un des plus simples et des plus apparents, la réfraction, résulte de deux actions opposées de la part des corps, suivant qu'on cherche à l'interpréter dans l'une ou dans l'autre théorie. D'après le système de l'émission, le changement de direction de la lumière serait dû à une accélération subie à son entrée dans les milieux réfringents. Dans le système des ondulations, ce même changement de direction devrait coïncider avec un ralentissement dans la vitesse de propagation du principe lumineux.

Frappé de cet antagonisme entre les deux systèmes, M. Arago déclare, en 1838, que l'un des deux succombera le jour où l'on constatera, par une expérience directe, dans quel sens se modifie la vitesse, lorsque la lumière pénètre d'un milieu rare dans un milieu plus dense, lorsqu'elle passe de l'air dans l'eau ou dans tout autre liquide; en même temps il annonce que le miroir tournant, récemment inventé par M. Wheatstone, servira à réaliser une pareille entreprise.

Douze années s'écoulent sans qu'on puisse saisir au retour le rayon fugitif réfléchi par le miroir tournant. C'est alors qu'en lui associant un miroir concave, je reconnais que le miroir tournant peut donner à l'observateur l'image fixe d'une image mobile; image fixe pour une rotation uniforme, mais qui se dévie en raison directe de la vitesse angulaire du miroir et de la durée du double parcours de la lumière entre deux stations très rapprochées. Un calcul très simple montre que l'on obtient ainsi un signe sensible et mesurable de la durée de la propagation du principe lumineux entre deux points distants d'un petit nombre de mètres. Dès lors il devient possible d'interposer aussi bien ou de l'air ou de l'eau, et de juger des vitesses relatives par les déviations correspondantes. Un artifice expérimental permet, en outre, d'obtenir simultanément les deux déviations, de les superposer dans le champ d'un même instrument, et d'en opérer la comparaison directe sans les rapporter à une unité commune, sans qu'il soit besoin de prendre aucune mesure.

Que l'on modifie la vitesse du miroir ou la distance des stations ou celle des différentes pièces de l'appareil, les déviations changent de grandeur sans doute ; mais toujours celle qui correspond au trajet dans l'eau se montre plus grande que l'autre, toujours la lumière se trouve retardée dans son passage à travers le milieu le plus réfringent.

La conclusion dernière de ce travail consiste donc à déclarer le système de l'émission *incompatible* avec la réalité des faits.

Détermination expérimentale de la vitesse de la lumière. — Parallaxe du soleil[1].

Dans la séance du 6 mai 1850, j'ai donné le résultat d'une expérience différentielle sur la vitesse de la lumière dans deux milieux d'inégales densités, et j'ai indiqué que, plus tard, le même procédé, fondé sur l'emploi du miroir tournant, servirait à mesurer la vitesse absolue de la lumière dans l'espace.

Au commencement de l'été, l'appareil se trouvait en état de fonctionner, mais la mauvaise saison ne m'a pas permis de me livrer aussi promptement que je l'aurais désiré à des observations qui exigeaient le concours de la lumière solaire.

Cependant le ciel a fini par se découvrir, et, profitant de ces derniers beaux jours, j'ai obtenu des résultats qui me semblent contenir, à peu de chose près, l'expression de la vérité.

L'appareil actuel ne diffère essentiellement de celui qui a été précédemment décrit que par l'adjonction d'un rouage

1. *C. R. de l'Ac. des Sc.*, t. LV, p. 501, et *Œuvres de Foucault*, p. 216.

chronométrique destiné à mouvoir un écran circulaire denté pour la mesure exacte de la vitesse du miroir et par l'extension de la ligne d'expérience qui, au moyen de réflexions multiples, a été portée de 4 à 20 mètres. Augmentant ainsi la longueur du trajet lumineux et apportant plus d'exactitude dans la mesure du temps, j'ai obtenu des déterminations dont les variations extrêmes ne dépassent pas $\frac{1}{100}$, et qui, combinées par voie de moyenne, donnent rapidement des séries qui s'accordent au $\frac{5}{1.000}$.

En définitive la vitesse de la lumière se trouve notablement diminuée. Suivant les données reçues, cette vitesse serait de 308 millions de mètres par seconde; et l'expérience nouvelle du miroir tournant donne, en nombre rond, 298 millions.

On peut, ce me semble, compter sur l'exactitude de nombre, en ce sens que les corrections qu'il pourra subir ne devront pas s'élever au-dessus de 500.000 mètres.

Si l'on accepte ce nouveau chiffre et qu'on le combine avec la constante de l'aberration : 20″,45 pour en déduire la parallaxe du soleil qui est évidemment fonction de l'un et de l'autre, on trouve au lieu de 8″,57, la valeur notablement plus forte 8″,86. Ainsi la distance moyenne de la terre au soleil se trouve diminuée environ de $\frac{1}{30}$.

Pour donner une idée du degré de confiance qu'on peut accorder au système d'observation qui a été employé dans cette circonstance, je transcrirai ici une série de déterminations brutes, choisie parmi celles dont la moyenne s'accorde le mieux avec la moyenne générale.

1024	1025	1029	1028	1027
1024	1027	1025	1026	1027
1026	1026	1026	1025	1026
1028	1028	1027	1026,5	1027

Moyenne 1026,7

Ce nombre 1026,7 se rapporte à une longueur arbitraire qui intervient dans l'appareil et que l'on fait varier à chaque détermination de manière à obtenir un déplacement constant de l'image déviée par le miroir tournant.

Dans une prochaine communication je m'appliquerai à

donner de l'appareil une description suffisante pour offrir une base à la discussion, et pour reconnaître le talent et les services des artistes éminents qui ont bien voulu m'assister.

Détermination expérimentale de la vitesse de la lumière ; description des appareils[1].

Malgré le peu d'espace et le manque de figures, j'essayerai de décrire, dans ses parties principales, l'appareil qui vient de me servir à recueillir sur la vitesse de la lumière une valeur si différente de celle qu'on connaissait.

L'appareil se compose :

D'une mire microscopique, taillée à jour à la surface d'une lame de verre argenté ;

D'un miroir tournant porté sur l'axe d'une petite turbine à air ;

D'une soufflerie à pression constante ;

D'un objectif achromatique ;

D'une série impaire de miroirs sphériques concaves en verre argenté ;

D'une glace à réflexion partielle ;

D'un microscope à micromètre ;

Et d'un écran circulaire en forme de roue dentée mis en mouvement par un rouage chronométrique.

Je décrirai d'abord l'appareil au repos.

Un faisceau de lumière solaire horizontalement réfléchi par un héliostat vient tomber sur la mire micrométrique qui consiste en une série de traits verticaux distants les uns des autres de $\frac{1}{10}$ de millimètre ; cette ligne qui, dans l'expérience, est l'étalon de mesure, a été divisée avec beaucoup de soin par M. Froment. Les rayons qui ont traversé ce plan d'origine se rendent sur le miroir rotatif à surface plane, où ils éprouvent une première réflexion qui les renvoie à 4 mètres de distance vers le premier miroir concave. Entre ces deux miroirs, et le plus près possible du miroir

1. *C. R. de l'Acad. des Sc.*, t. LV, p. 792 ; *Cosmos*, t. XXI, p. 599 et *Œuvres de Foucault*, p. 219.

plan, vient se placer l'objectif ayant d'un côté l'image virtuelle de la mire et de l'autre le miroir concave, à deux de ses foyers conjugués. Ces conditions étant remplies, le faisceau de lumière, après avoir traversé l'objectif, va former une image de la mire à la surface de ce premier miroir concave.

De là le faisceau se réfléchit un peu obliquement afin d'éviter l'appareil du miroir rotatif, dont il va former l'image à une certaine distance dans l'espace. Au lieu où cette image se produit, on place le second miroir concave orienté de telle sorte que le faisceau, encore une fois réfléchi, repasse auprès du premier miroir sphérique en formant une seconde image de la mire; celle-ci est reprise par une troisième surface concave, et ainsi de suite jusqu'à formation d'une dernière image de la mire à la surface d'un miroir concave d'ordre impair. J'ai pu employer jusqu'à cinq miroirs qui développaient une ligne de 20 mètres de long. Le dernier de ces miroirs, séparé de l'avant-dernier qui lui fait face par une distance de 4 mètres, égale à son rayon de courbure, renvoie le faisceau exactement sur lui-même; condition qu'on remplit sûrement en superposant à la surface du miroir opposé l'image d'aller avec l'image de retour; cela fait, on est certain que le faisceau retourne tout entier au miroir plan de l'appareil rotatif, et que finalement tous les rayons repassent par la mire, point par point, comme ils sont entrés.

On arrive à constater ce retour des rayons et à se procurer une image accessible, en détournant par réflexion partielle à la surface d'une glace inclinée une partie du faisceau qu'on examine avec un microscope faible. Ce dernier, semblable en tout point aux microscopes micrométriques en usage dans les observations astronomiques, forme avec la mire et la glace inclinée un tout solidaire très stable.

Dans l'appareil ainsi décrit, l'image renvoyée par le microscope et formée par les rayons de retour occupe une position définie par rapport à la glace et à la mire elle-même : cette position est précisément celle de l'image virtuelle de la mire vue par réflexion dans le plan de la glace; mais quand le miroir plan vient à tourner, cette image change de place, attendu que pendant la durée du temps que la lumière emploie à parcourir deux fois la ligne des miroirs concaves, le miroir rotatif continue de tourner et que les rayons au retour ne se trouvent plus sous la même incidence qu'au moment de l'arrivée. Il en résulte que l'image de retour est déplacée dans le sens du mouvement du miroir, et cette *déviation* augmente avec la vitesse de rotation ; elle augmente évidemment aussi avec la longueur du trajet et avec la distance qui la sépare du miroir tournant.

La manière dont ces diverses quantités interviennent dans l'expérience, ainsi que la vitesse de la lumière elle-même, s'exprime par une formule très simple qui a été déjà établie et que je n'aurai qu'à rappeler ici.

Appelant V la vitesse de la lumière, n le nombre de tours du miroir, l la longueur de la ligne brisée comprise entre le miroir tournant et le dernier miroir concave, r la distance de la mire au miroir tournant et d la déviation, on trouve par la discussion de l'appareil

$$V = \frac{8\pi n l r}{d}$$

expression qui donne la vitesse de la lumière au moyen de quantités qu'il faut mesurer séparément.

Les distances l et r se mesurent directement à la règle ou par un ruban de papier qu'on reporte ensuite sur l'unité de longueur. La déviation d s'observe micrométriquement, mais il reste à montrer comment on mesure le nombre n des tours du miroir par seconde.

Disons d'abord comment on imprime au miroir une vitesse constante.

Ce miroir en verre argenté, qui a $0^m,014$ de diamètre, est monté directement sur l'axe d'une petite turbine à air d'un système connu, admirablement construite par M. Froment ; l'air est fourni par une soufflerie à haute pression de M. Cavaillé-Coll, qui s'est acquis une juste renommée dans la fabrication des grandes orgues ; et comme il importe que la pression soit d'une grande fixité, au sortir de la soufflerie, l'air traverse un régulateur récemment imaginé par M. Cavaillé-Coll et dans lequel la pression ne varie pas de $\frac{1}{5}$ de millimètre sur $0^m,30$ de colonne d'eau En s'écoulant par les orifices de la turbine, l'air représente donc une force motrice remarquablement constante ; d'un autre côté, le miroir en s'accélérant rencontre bientôt dans l'air ambiant une résistance qui, pour une vitesse donnée, est aussi parfaitement constante. Le mobile, placé entre ces deux forces contraires qui tendent à l'équilibre, ne peut manquer de prendre et de garder une vitesse uniforme. Un obturateur quelconque, agissant sur l'écoulement de l'air, permet d'ailleurs de régler cette vitesse dans des limites très étendues.

Restait enfin à compter le nombre de tours ou plutôt à imprimer à ce mobile une vitesse déterminée. Ce problème a été complètement résolu de la manière suivante :

Entre le microscope et la glace à réflexion partielle se trouve un disque circulaire dont le bord finement denté empiète sur l'image qu'on observe et l'intercepte en partie; le disque tourne uniformément sur lui-même, en sorte que si l'image brillait d'une lumière continue, les dents qu'il porte à sa circonférence échapperaient à la vue par la rapidité du mouvement ; mais l'image n'est pas permanente, elle résulte d'une série d'apparitions discontinues qui sont en nombre égal à celui des révolutions du miroir ; et, dans le cas particulier où les dents de l'écran se succèdent aussi en même nombre, il se produit pour l'œil une illusion facile à expliquer qui fait apparaître la denture comme si le disque ne tournait pas Supposons donc que ce disque portant n dents à sa circonférence fasse un tour par seconde et qu'on mette la turbine en marche, si en réglant l'écoulement de l'air on parvient à maintenir l'apparente fixité des dents, on pourra tenir pour certain que le miroir fait effectivement n tours par seconde.

M. Froment qui avait fait la turbine a bien voulu se charger de composer et de construire un rouage chronométrique pour faire mouvoir le disque, et la réussite est tellement complète que journellement il m'arrive de faire tourner le miroir à 400 tours par seconde et de voir les deux appareils d'accord à un dix-millième près pendant des minutes entières.

Cependant, après avoir obtenu toute sécurité du côté de la mesure du temps, j'ai été surpris de constater dans mes résultats des discordances qui n'étaient pas en rapport avec la précision des moyens de mesures ; après d'assez longues recherches j'ai fini par trouver que la cause d'erreur était dans le micromètre qui ne comporte pas, à beaucoup près, le degré de précision qu'on lui attribue volontiers.

Pour faire face à cette difficulté imprévue, j'ai introduit dans le système d'observation une modification qui, finalement, revient à un simple changement de variable ; au lieu de mesurer micrométriquement la déviation, j'ai adopté pour celle-ci une valeur constante, soit $\frac{7}{10}$ de millimètre, ou 7 parties entières de l'image observée, et j'ai cherché par expérience quelle était la distance qu'il fallait établir entre le miroir tournant pour produire cette déviation ; les mesures portant alors sur une longueur d'environ 1 mètre, les dernières fractions gardaient encore une grandeur directement visible qui ne laissait plus place à l'erreur. Par ce moyen l'appareil a été purgé de la principale cause d'incertitude. Depuis lors les résultats se sont accordés dans les limites des erreurs d'observation et les moyennes se sont fixées de telle sorte que j'ai pu donner avec confiance le nouveau chiffre qui me paraît devoir exprimer, à peu de chose près, la vitesse de la lumière dans l'espace.

A savoir : 298.000 kilomètres par seconde de temps moyen.

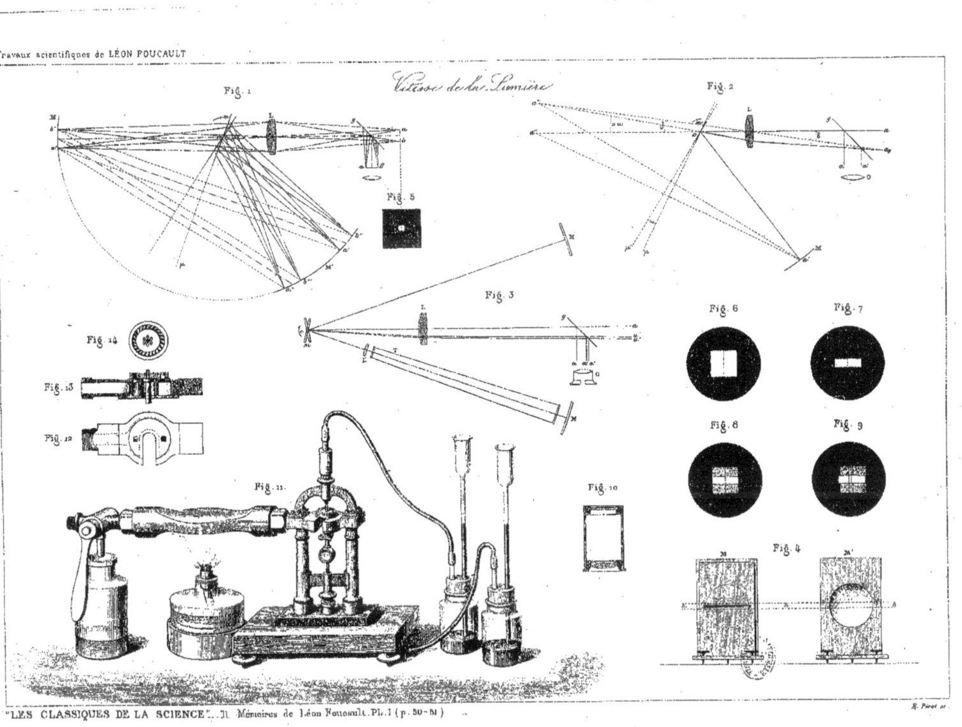
Vitesse de la Lumière
Fig. 1
Fig. 2
Fig. 3
Fig. 4
Fig. 5
Fig. 6
Fig. 7
Fig. 8
Fig. 9
Fig. 10
Fig. 11
Fig. 12
Fig. 13
Fig. 14

DEUXIÈME PARTIE

ÉTUDE OPTIQUE DES SURFACES

Sur un nouveau télescope en verre argenté. [1]

J'ai été appelé dans ces derniers temps, par le Directeur de l'Observatoire impérial, à étudier les diverses questions relatives à la construction et au perfectionnement des instruments d'optique en usage dans la pratique de l'astronomie. Au premier rang figure la lunette dont la portée s'étend à mesure qu'on lui donne de plus grandes dimensions et qu'on apporte plus de précision dans la fabrication des verres.

Après avoir pris connaissance des méthodes d'approximation par lesquelles nos premiers artistes arrivent à construire une bonne lunette, il m'a semblé qu'on gagnerait bien du temps sur la durée des essais, si au lieu d'éprouver les objectifs en les dirigeant sur une mire éloignée, on prenait image sur quelque objet très petit, placé au foyer d'un collimateur. La difficulté, il est vrai, se trouvait ainsi reculée plutôt que résolue, car en pareille circonstance, le rôle assigné au collimateur suppose implicitement qu'il possède toutes les qualités d'un objectif parfait.

On ne pouvait donc, sans tourner dans un cercle vicieux, recourir à un autre objectif pour en faire un collimateur. J'ai songé à employer le miroir de télescope, dont on estime aisément le degré de perfection en plaçant près du centre de courbure un objet délié, et en étudiant au microscope l'image

1. *C. R. de l'Acad. des Sc.*, t. XLIV, p. 339 ; *Cosmos*, t. X, p. 186 et *Œuvres de Foucault*, p. 227.

qui se forme tout auprès de l'objet. Mais bientôt j'ai dû renoncer à me procurer un miroir de métal qui résiste à ce genre d'épreuves ; et, revenant à l'emploi du verre, j'en ai obtenu, par réflexion partielle sur une surface sphérique concave, des images assez nettes pour supporter le microscope. Bien qu'on fût encore un peu gêné par le défaut de lumière, le collimateur d'essai était réalisé ; plus tard, comme il est dit dans cette note, le collimateur est devenu à son tour un nouveau télescope.

La lunette astronomique, comparée au télescope de même dimension, a toujours eu l'avantage de donner plus de lumière ; le faisceau des rayons incidents, qui tombe sur l'objectif de verre, le traverse en majeure partie et contribue presque en entier à la formation de l'image au foyer ; tandis que sur le miroir du télescope une partie seulement de la lumière est réfléchie en un faisceau convergent qui éprouve encore une perte pour être ramené, par une seconde réflexion, vers l'observateur.

Cependant, comme le télescope est exempt d'aberration de réfrangibilité ; comme la pureté de l'image ne dépend que de la perfection d'une seule surface ; comme à égalité de longueur focale, il comporte un plus grand diamètre que la lunette et qu'il rachète ainsi les pertes que la lumière subit aux réflexions, quelques observateurs, en Angleterre surtout, ont continué à lui donner la préférence sur les lunettes pour l'exploration des objets célestes.

Il est certain qu'à l'époque actuelle, et malgré tous les perfectionnements apportés à la fabrication des grands verres, le plus puissant instrument qu'on ait encore dirigé sur le ciel est un télescope à miroir en métal. Le télescope de lord Rosse a 6 pieds anglais de diamètre et 55 pieds de distance focale. Peut-être même les instruments à réflexion auraient-ils pris le dessus si le métal se travaillait aussi bien que le verre, s'il prenait un poli aussi durable et s'il n'était beaucoup plus pesant.

Mettant ainsi en parallèle ces deux sortes d'instruments et discutant leurs qualités et leurs défauts, j'arrivai à concevoir qu'il y aurait tout avantage à construire un télescope en verre, si, le miroir une fois taillé et poli, on pouvait lui communiquer l'éclat métallique, afin d'en obtenir des images aussi lumineuses que celles des lunettes. Cette conception qui, au premier abord, me semblait purement fictive, n'a pas tardé à se réaliser d'une manière satisfaisante.

Quand le verre a été taillé par un opticien habile et qu'il a été poli à fond, il est très propre à se recouvrir, par le procédé Drayton, d'une pellicule d'argent, mince et uniforme. Cette couche métallique, qui, en sortant d'un bain, paraît terne et sombre, s'éclaircit aisément par le frottement d'une peau douce légèrement teintée de rouge d'Angleterre, et elle acquiert en peu d'instants un très vif éclat. Par cette opération, la surface du verre se trouve métallisée et devient énergiquement réfléchissante, sans que les épreuves les plus délicates puissent déceler la moindre altération de forme.

Pour avoir un disque de verre à surface concave parfaitement travaillée, je me suis adressé à M. Secretan, qui a eu l'obligeance de mettre à ma disposition un ouvrier habile; d'un autre côté, pour arriver à former le dépôt d'argent, j'ai eu recours aux cessionnaires du brevet anglais, MM. Power et Robert, qui actuellement exploitent le procédé en France, et qui m'ont remis la solution argentifère, en me prodiguant les renseignements par lesquels je devais promptement réussir.

Mon miroir de verre étant argenté et ayant pris au tampon un poli vif, j'en ai formé un télescope de $0^m,10$ de diamètre et de $0^m,50$ de longueur focale. Ce petit instrument supporte bien l'oculaire qui élève à 200 son pouvoir amplifiant ; et examiné comparativement avec la lunette de 1 mètre, il donne des effets sensiblement supérieurs.

J'ai désiré connaître le pouvoir réfléchissant de la couche d'argent déposée sur le verre et polie après coup, ou du moins, j'ai voulu comparer l'intensité d'un faisceau réfléchi par une surface ainsi préparée avec celle d'un faisceau transmis par une surface égale d'un objectif de lunette. Cette détermination s'est faite sans difficulté, au moyen du photomètre à *compartiments* que j'avais employé dans une autre circonstance. Le résultat de cette opération assure un avantage marqué au nouveau télescope. Le faisceau réfléchi vaut sensiblement les 90 centièmes du faisceau transmis à travers un objectif à quatre réflexions partielles, en sorte que le nouvel instrument bénéficie du surcroît de lumière qui, en vertu du plus grand diamètre du miroir, concourt d'une manière efficace à la formation de l'image focale. A diamètre égal le télescope en verre est moitié plus court que la lunette et donne presque autant de lumière et plus de netteté aux images ; à longueur égale il comporte un diamètre double et recueille trois fois et demi plus de lumière.

Considérée à un autre point de vue, la nouvelle combinaison optique se distingue en ce qu'elle produit tout son effet sans réclamer le concours de nombreuses conditions auxquelles jusqu'ici on a dû satisfaire pour obtenir, soit comme lunette, soit comme télescope, un instrument doué d'une certaine perfection. La lunette, surtout, exige que le constructeur se préoccupe à la fois de l'homogénéité des deux sortes de verres qui forment l'objectif, de leurs pouvoirs réfringents et dispersifs, de la combinaison des courbures, du centrage, et de l'exécution de quatre surfaces sphériques.

Dans le nouveau télescope, au contraire, comme le verre n'intervient pas comme milieu réfringent, mais seulement comme support d'une mince couche de métal, l'homogénéité n'est nullement requise, et la glace la plus ordinaire, travaillée avec soin sous une épaisseur suffisante, peut revêtir une surface concave qui, argentée et polie, fournisse à elle seule, et par réflexion, de très bonnes images.

On a reproché aux miroirs de télescope de s'oxyder avec le temps et de se ternir au contact de l'air. Depuis six semaines j'ai des miroirs argentés qui n'ont pas encore subi d'altération sensible. Cet état de conservation sera-t-il de longue durée ? L'expérience est encore trop récente pour qu'on puisse rien affirmer dans un sens ou dans l'autre ; mais lors même que l'éclat spéculaire viendrait à faiblir, puisqu'une première fois il a été obtenu au tampon, rien n'empêcherait de le raviver par le même moyen ; si, enfin, l'argent s'altérait dans sa profondeur, l'opération par laquelle on le dépose est d'une exécution si facile et si prompte qu'on se résignerait encore à la répéter.

En résumé, le nouvel instrument, comparé à la lunette astronomique, donne, à beaucoup moins de frais, plus de lumière, plus de netteté, et il est affranchi, comme télescope, de toute aberration de réfrangibilité.

Mémoire sur la construction des télescopes en verre argenté. [1]

On a souvent remis en discussion les qualités qui distinguent le télescope à réflexion et la lunette achromatique. En réalité, ces instruments ont, l'un et l'autre, rendu d'éclatants services à l'astronomie, et la science les a adoptés tous les deux. Aux télescopes de grandes dimensions tels que ceux que W. Herschel construisait de sa main, on demande une perception distincte et détaillée des objets célestes ; quant aux lunettes achromatiques, qui jamais n'atteignent les mêmes proportions, le degré de stabilité dont elles ont fait preuve les a plus spécialement rendues propres aux observations précises, aux déterminations de position. Les rôles étant ainsi partagés, le télescope à réflexion ne conserve son importance qu'à la condition de garder hautement la supériorité sous le rapport des effets optiques. En Angleterre, où la lutte a été vivement soutenue en faveur des instruments à réflexion, les grands miroirs métalliques sont restés en petit nombre, et les dépenses qu'ils ont occasionnées n'étaient pas de nature à encourager de nombreuses tentatives du même genre. Ajoutons que ces miroirs sont d'un poids tellement considérable qu'on a toujours hésité à les transporter sur les hautes montagnes, seuls points du globe où il y ait chance d'utiliser toute la puissance des grands instruments. Dans cet état de choses, il nous a semblé que la substitution du verre au métal, dans la construction du miroir, apporterait au télescope une amélioration, pourvu qu'on parvînt à métalliser la surface après coup ; or, à cet égard, l'argenture par voie humide, telle qu'on l'obtient par le procédé Drayton, ne laisse rien à désirer. La solution, par son contact avec le verre laisse déposer à froid une mince couche d'argent qui, une fois séchée, revêt un très beau poli par le frottement d'une peau imprégnée d'oxyde de fer. Le 16 février 1857, l'Académie des Sciences a vu passer sous ses yeux un miroir de $0^{m},10$ obtenu de la sorte, et qui, monté en télescope newtonien, donnait de bonnes images et supportait un grossissement de 150 à 200 fois. Ce miroir existe encore avec

1. Extrait des *Annales de l'Observatoire impérial de Paris*, t. V, 1858 et *Œuvres de Foucault*, p. 232.

son argenture primitive. Il a été conservé comme le premier spécimen qui ait été présenté à une société savante.

Après la présentation de ce premier télescope de 0m,20 de diamètre et de 0m,50 de longueur focale, nous en avons obtenu sans difficulté un second qui porte 0m,22 de diamètre pour un foyer de 1m,50. Puis abordant un diamètre de 0m,42, l'ouvrier, chargé de tailler le miroir, a échoué à cinq reprises différentes ; ce qui a bien forcé de reconnaître l'insuffisance des procédés ordinairement employés pour engendrer des surfaces moins grandes.

En présence d'un insuccès qui compromettait les espérances qu'on avait conçues au sujet des nouveaux miroirs, nous avons senti l'impérieuse nécessité d'étudier la figure des surfaces qui, bien que travaillées avec le plus grand soin, ne produisaient pas l'effet optique voulu ; de là sont sortis trois procédés d'examen qui s'appliquent directement aux surfaces réfléchissantes concaves et à l'aide desquelles on reconnaît, avec le degré de précision requise, si ces surfaces sont plus ou moins correctement sphériques. Nous avons donc constaté que rarement les opticiens construisent des surfaces qui appartiennent à la sphère, et que ces surfaces en diffèrent d'autant plus qu'elles sont plus étendues. Nous avons pour ainsi dire mis le doigt sur une éminence centrale qui se reproduisait constamment dans le travail du miroir de 0m,32, et cette constatation fut si claire et si manifeste qu'elle a suggéré la pensée de retoucher localement la sûrface sans en altérer le poli. Cette tentative, peu encouragée par les hommes de l'art, a cependant parfaitement réussi, et de ce moment l'entreprise, débarrassée de toute entrave, a pris un nouvel essor.

En effet, dès qu'on eut acquis la preuve que la taille d'une bonne surface ne dépendait pas nécessairement d'un travail à exécuter d'emblée, dès qu'il fût démontré qu'on pouvait y revenir indéfiniment, le progrès n'était plus d'arriver précisément à la sphère, mais il consistait désormais à modifier par degrés les surfaces optiques pour les faire tendre vers la courbure parabolique[1], qui seule est capable de ramener en

1. Voir *Procès-verbaux de la Soc. phil.*, pp. 48, 51 ; *C. R. de l'Ac. des Sc.*, t. XVII, p. 205 et *Cosmos*, t. XIII, 162.

un foyer commun tous les rayons d'un faisceau parallèle. Les procédés d'examen optique qui d'abord avaient servi à reconnaître la sphéricité des surfaces, modifiés suivant la théorie des foyers conjugués et combinés avec la méthode des retouches locales, ont bientôt permis de conduire telle surface de révolution fournie par l'artiste depuis la sphère jusqu'au paraboloïde, en la faisant passer par tous les ellipsoïdes intermédiaires. Par ce moyen, les instruments, délivrés des aberrations qui compromettaient la netteté des images, ont pu être réduits à de moindres longueurs focales et grandir proportionnellement dans leurs trois dimensions.

Les proportions auxquelles on s'est définitivement arrêté assignent au télescope une longueur qui ne dépasse pas six fois le diamètre du miroir. Nous n'avons adopté ce rapport constant entre le diamètre et la distance focale, qu'après nous être assuré que la convergence exacte des rayons lumineux est la seule condition à remplir pour qu'un instrument donne tout son effet. La surface parabolique remplit cette condition expresse : c'est pourquoi elle communique au télescope une pénétration, ou, comme on dit, un *pouvoir optique*, qui, mesuré avec soin, s'est montré indépendant de la longueur focale et varie proportionnellement au diamètre du miroir. En ramenant à des règles précises[1] la détermination de ces pouvoirs optiques dont l'appréciation était arbitraire, nous avons voulu fournir à ceux qui manient les instruments un moyen d'en apprécier directement la valeur; et de plus nous avons mis en évidence, dans tout instrument d'un diamètre donné, l'existence d'un pouvoir limité ou absolu, qui dépend de la constitution physique de la lumière et vient mettre forcément un terme à nos efforts.

Le télescope, débarrassé successivement du poids énorme de l'ancien miroir métallique et de l'excès de longueur imposé par l'emploi des surfaces sphériques, devenait de plus en plus facile à manier Nous avons pensé y ajouter un complément utile en le montant parallactiquement sur un support construit en charpente légère.

En publiant ce Mémoire, nous nous proposons non seule-

1. Voir *Procès-verbaux de la Soc. phil.*, 1858, p. 47; *Cosmos*, t. XII, p. 590 et *C. R. de l'Ac. des Sc.*, t. XLVII, p. 205.

ment de constater les résultats acquis, mais nous avons aussi l'intention de faire connaître les procédés pratiques qui ont servi à les obtenir. Sans vouloir abuser des détails, nous nous mettrons à la place de ceux qui auraient le désir de faire l'application de ces mêmes procédés et nous nous expliquerons de manière à les mettre à même de réussir. Telle est la mesure des développements dans lesquels nous croyons devoir entrer.

Nous aurons donc à décrire en premier lieu les divers procédés d'optique géométrique par lesquels on explore les surfaces sphériques concaves ; puis nous ferons l'application générale des mêmes procédés à l'étude des surfaces ayant pour section méridienne une section conique, et nous démontrerons que ces procédés d'examen, appelés à se contrôler les uns les autres, sont plus que suffisants pour diriger le travail manuel par lequel on se propose de réaliser une surface proposée.

Passant alors à l'application des procédés, nous emprunterons aux arts les moyens de préparer les miroirs, d'agir sur les surfaces de verre, et de réaliser par des retouches locales une surface correcte. Nous énoncerons les caractères d'une surface parfaite et nous définirons les pouvoirs optiques.

Nous donnerons ensuite les détails pratiques pour métalliser, quelque grandes qu'elles soient, les surfaces du verre par le procédé Drayton, et nous indiquerons les précautions à prendre pour prévenir les déformations des miroirs et les adapter au tube du télescope ; nous discuterons la composition des oculaires, et nous terminerons par la description d'un pied parallactique en charpente spécialement applicable aux télescopes à court foyer.

EXAMEN OPTIQUE DES SURFACES CONCAVES ; TROIS PROCÉDÉS DIFFÉRENTS ABERRATION POSITIVE ET NÉGATIVE [1]

Quand un miroir ne donne pas de bonnes images, on se contente ordinairement de le rejeter sans chercher à reconnaître en quoi il pèche ; on refait la surface à nouveau, et l'on répète le travail jusqu'à ce qu'on juge avoir réussi. Mais sur

1. Voir *C. R. de l'Ac. des Sc.*, t. XLVII, p. 958 ; *Cosmos*, t. XIII, p. 749.

ce point bien souvent les avis diffèrent. Pourtant il existe des caractères auxquels on reconnaît si une surface réalise sensiblement la figure qui convient aux circonstances où elle doit fonctionner.

Supposons qu'on ait à vérifier un miroir sphérique concave. La propriété d'un pareil miroir est de renvoyer au centre de courbure et sans aberration aucune tous les rayons émanés de ce même centre. Autour de ce point et à très petite distance sont distribués dans l'espace une infinité de foyers conjugués, qui jouissent sensiblement de la même immunité. Imaginons donc un point lumineux placé à côté et tout près du centre de courbure : de l'autre côté se forme une image que l'on vient observer avec un microscope faible; si la surface est parfaite, la mise au point est bien définie, l'image est nette, entourée des anneaux de la diffraction, et les altérations qu'elle subit en deçà et au delà du foyer par la variation de la mise au point sont symétriques. Tels sont les caractères d'un foyer parfait formé par un cône de rayons qui se croisent tous au même lieu dans l'espace.

Si l'image manque de netteté, la mise au point, sans être aussi bien définie, produit cependant un maximum de condensation de lumière que l'on peut considérer comme le vrai foyer. Si alors l'image est ronde, on en conclut que la surface du miroir, sans être exactement sphérique, est du moins de révolution autour de son centre, et dès lors il est certain qu'en faisant varier la mise au point, on produira de part et d'autre du foyer des altérations dissemblables et complémentaires l'une de l'autre; des condensations et des raréfactions de lumière, distribuées en anneaux concentriques, apparaîtront disposées d'une manière réciproque, indiquant, dans les zones correspondantes de la surface réfléchissante, des variations du rayon de courbure dont une discussion indique aisément le sens.

En effet, quand on porte au devant des rayons le microscope oculaire, et qu'on dépasse le foyer, on observe l'état du faisceau avant son point de convergence. Or, si ce point n'est pas unique pour toutes les zones concentriques, celles qui ont le foyer le plus court produisent, au niveau du plan d'observation, une condensation prématurée de lumière qui accuse un foyer plus proche ; le contraire a lieu pour les zones qui ont le plus long foyer. Si maintenant on recule l'oculaire de manière à observer l'état des faisceaux après l'entre-croisement des rayons, on constate que les apparences deviennent inverses, tout en conduisant aux mêmes conclusions.

Généralement, dans les surfaces bien faites, les altérations de forme ne proviennent que d'un changement continu du rayon de courbure, qui varie d'une petite quantité et dans un même sens à partir du centre jusqu'au bord. Aussi les deux images qu'on observe symétriquement de part et d'autre du foyer se présentent-elles habituellement comme des cercles, dont l'un offre une condensation de lumière vers le centre, et l'autre vers la circonférence.

Lorsque la surface à étudier n'est pas de révolution, on en est averti par la déformation des images qui cessent d'être rondes, et se partagent en concamérations d'intensités inégales.

Quand on en vient à l'expérience, on réalise le point lumineux qui sert d'origine aux rayons émis, en collant une lentille plan-convexe à court foyer sur l'une des deux surfaces égales d'un petit prisme rectangle à réflexion totale (Pl. III, fig. 1). Une flamme de lampe placée sur le côté, à quelques décimètres de la ligne d'expérience, éclaire par ses rayons horizontaux cette lentille qui se présente normalement; les rayons convergents sont réfléchis totalement par la surface hypoténuse, et vont former, en dehors du prisme, une image de flamme que l'on fait tomber sur un écran opaque, percé en mince paroi d'une très petite ouverture assimilable à un point.

Cette manière d'examiner les surfaces concaves suffirait à la rigueur pour en faire connaître les moindres imperfections ; mais elle se recommande surtout dans les circonstances où il importe de s'assurer que la figure est de révolution. Cependant lorsqu'on se propose d'opérer des retouches, il est utile de recueillir des indications plus précises sur les variations du rayon de courbure : c'est le cas de recourir à un second procédé fondé sur un tout autre principe.

Dans une région voisine du centre de courbure, on dispose deux droites rapprochées, telles que les deux bords d'un fil métallique de $0^{m},001$ de diamètre ; on éclaire cet objet par un miroir oblique, de telle sorte que, vu de tous les points de la surface du miroir objectif, il se projette sur un fond éclairé; l'image qui vient s'en former tout auprès s'observe à l'œil nu, ou mieux au moyen d'une petite lunette réduite, par un diaphragme, à $0^m,0015$ d'ouverture. Dans ces circonstances, l'objet apparaît dans l'étendue d'un disque éclairé dont l'étendue correspond à l'ouverture du miroir, et si les bords ne semblent pas rectilignes, les inflexions qu'ils présentent sont propres à caractériser les variations du rayon de courbure. Pour s'en rendre compte, il suffit de faire le tracé de la marche des rayons à partir de la surface du miroir jusqu'au plan focal de la lunette (fig. 2). On voit alors comment le petit diaphragme, en éliminant la majorité des rayons qui ont formé l'image directe i, a pour effet de composer l'image transmise i' avec des rayons réfléchis par différentes parties du miroir. Or, si le rayon de courbure varie d'une zone à l'autre, l'image i manquera de netteté, et l'image i' sera formée en chacun de ses points par des faisceaux partiels à foyers différents; elle se courbera dans l'espace, et les angles sous-tendus dans l'œil de l'observateur par les différentes parties de l'image ne seront pas proportionnels aux parties correspondantes de l'objet. En un mot, cette image paraîtra déformée, on y verra des contractions et des dilatations accusant une diminution ou une augmentation du rayon de courbure des éléments correspondants du miroir.

Si l'on veut inspecter d'un coup d'œil le miroir dans toute son étendue, il faut prendre pour objet un réseau régulier à mailles carrées, dont l'image devient très sensible aux déformations, en quelque point qu'elles se manifestent. Supposons, ce qui arrive le plus souvent, que le miroir, exactement sphérique dans sa partie centrale, s'évase vers les bords par un allongement progressif du rayon de courbure. Soumis à l'épreuve du deuxième procédé, un pareil miroir donne une image dans laquelle toutes les lignes sont courbées comme dans la figure 4, en tournant leur concavité en dehors. Il en résulte que les mailles vont en croissant d'étendue du centre vers les bords, et varient dans le même sens que le rayon de courbure des éléments correspondants de la surface.

Une déformation inverse du miroir, qui consiste dans un relèvement trop rapide des bords, produit un renversement dans la courbure des lignes (fig. 5), d'où résulte que l'étendue des mailles diminue vers les bords du champ, et varie encore dans le même sens que le rayon de courbure. Enfin, il arrive fort souvent que les bords d'un miroir sont abaissés au-dessous du niveau sphérique, et qu'en même temps la surface présente une éminence centrale, limitée tout autour par une sorte de rigole circulaire. En pareil cas, le rayon de courbure varie successivement dans les deux sens du centre jusqu'au bord ; cette particularité se révèle encore très clairement par les sinuosités des lignes observées (fig. 6), dont la disposition fait naître une variation analogue dans l'étendue des mailles qui résultent de leur entre-croisement. On a eu soin de mettre en regard dans la même planche les figures qui représentent les images observées et le profil énormément exagéré des surfaces déformées. Ce deuxième procédé fournit donc, sur la configuration des surfaces qu'on examine, des indications très sûres et très faciles à interpréter, mais il manque un peu de sensibilité, et, dans le cas où il laisse percevoir les lignes du réseau sensiblement droites (fig. 3), on n'est pas encore certain d'avoir obtenu une surface irréprochable et susceptible de résister à l'épreuve rigoureuse d'un troisième et dernier procédé.

On dispose, comme dans le cas du premier essai, un point lumineux au voisinage du centre de courbure de manière à ne pas masquer les rayons en retour; après s'être croisés, ces rayons forment un cône divergent dans lequel l'œil se place, pour ensuite se porter au devant du foyer jusqu'à ce que la surface paraisse entièrement illuminée; puis, à l'aide d'un écran à bord rectiligne, on intercepte l'image jusqu'au point de la faire disparaître entièrement. Cette manœuvre produit, pour l'œil qui observe, une extinction progressive de l'éclat du miroir qui, dans le cas d'une sphéricité exacte, conserve jusqu'au dernier moment et dans toute l'étendue de sa surface une intensité uniforme. Dans le cas contraire, l'extinction n'a pas lieu simultanément sur tous les points, et du contraste des ombres et des lumières résulte pour l'observateur, avec un sentiment de relief exagéré, la perception en clair-obscur des proéminences et des dépressions qui portent atteinte à la figure sphérique. C'est là un effet résultant nécessairement de la marche des rayons qui convergent plus ou moins exactement vers un foyer commun.

Dans l'hypothèse d'une surface parfaite, l'image du point lumineux est un disque nettement terminé qui comprend tous les rayons réfléchis et qui, une fois masqué par l'écran, (fig. 7), ne laisse plus aucune lumière parvenir dans l'œil; mais pour peu que ce disque déborde sur l'écran, comme en chacun de ses points passent des rayons réfléchis par la surface entière, cette surface s'illumine plus ou moins et revêt pour l'observateur un éclat uniforme.

Supposons à présent la surface défectueuse : l'image du point, au lieu d'être nettement terminée, va s'entourer d'une auréole lumineuse formée par les rayons en aberration et, quand l'image proprement dite sera masquée par la présence de l'écran, ces rayons, passant outre, iront dans l'œil de l'observateur y dénoncer les éléments de la surface qui ne se présentent pas sous l'incidence voulue.

Dans la figure 8, qui représente l'effet d'une surface à bords trop relevés, on voit clairement que l'écran interceptant le faisceau central qui forme image, laisse cependant passer les rayons venant du bord supérieur. Conséquemment, au moment de l'extinction progressive du faisceau central, ce bord supérieur paraîtra brillant et le bord opposé déjà noir, tandis que la région centrale et régulière présentera une teinte évanouissante uniforme.

Généralement, si la surface soumise à ce genre d'examen est altérée par des éminences et des dépressions distribuées d'une manière quelconque (fig. 9), tous les versants inclinés du côté de l'écran paraîtront noirs et tous les versants inclinés du côté opposé paraîtront brillants. Donc, en définitive, l'aspect d'une telle surface sera le même que celui d'une surface mate qui présenterait, avec un degré d'exagération extrême, des saillies et des creux semblablement distribués, et qui serait éclairée par une lumière oblique provenant d'une source placée du côté *opposé* à l'écran qui intercepte l'image. Cette règle est importante à consulter si l'on tient à écarter toute incertitude dans l'interprétation des résultats observés, car souvent il arrive que, sous l'influence d'une disposition morale indépendante de la volonté, les creux et les reliefs semblent s'intervertir; mais, quelle que soit la sensation perçue, on est certain d'éviter l'erreur de signe, pourvu que l'on prenne garde à la position de l'écran et qu'on interprète en conséquence la disposition des ombres et des lumières.

Nous avons donc, en résumé, trois procédés à mettre en usage pour contrôler la configuration des surfaces réfléchissantes concaves. Le premier fondé sur l'observation microscopique de l'image d'un point lumineux : il s'applique particulièrement au cas où l'on veut reconnaître si la figure est de révolution. Le second, qui agit par élimination au moyen d'une lunette étroitement diaphragmée appliquée à l'observation de l'image d'un réseau à mailles carrées : il a surtout la propriété de faire connaître les variations du rayon de courbure aux différents points de la surface. Et le troisième, qui est le plus sensible de tous, et qui repose sur l'observation directe de la surface contemplée à l'œil nu par les rayons constitués en foyer et passant aux limites d'un écran opaque. Observer au microscope l'image d'un point, étudier à la lunette diaphragmée les déformations du réseau, et regarder à l'œil nu la surface au moyen des rayons échappés à l'image interceptée, tels sont les artifices appelés, en se contrôlant mutuellement, à fournir tous les renseignements désirables sur la configuration des surfaces optiques.

Jusqu'à présent nous avons supposé que ces procédés s'appliquaient uniquement à l'examen des surfaces sphériques limitées dans leur application au cas où elles fonctionnent pour des foyers conjugués très voisins du centre de courbure. Ces restrictions admises, la démonstration en est devenue plus facile et plus claire. Mais, considérés à un autre point de vue, ces procédés prennent un caractère de généralité qui vient en augmenter l'importance.

Faisant abstraction de la surface pour ne considérer que le faisceau réfléchi, les indications fournies par les procédés d'examen s'appliquent au faisceau lui-même, et les particularités qui ont été signalées comme des attributs d'une surface sphérique deviennent à juste titre les propriétés réelles d'un faisceau lumineux exactement conique.

Or, comme dans les instruments d'optique la netteté des images dépend expressément de la convergence finale des rayons lumineux, ces instruments, quels qu'ils soient, tombent sous le contrôle des mêmes moyens d'épreuve.

Nous ne sommes donc plus assujettis à observer un miroir en son centre de courbure, et puisque le but proposé est de construire des télescopes pour observer des objets situés à l'infini, nous allons prendre le miroir concave tel qu'il sort des mains de l'artiste et le conduire, par une série de transformations, à la figure qu'il convient de lui donner pour le faire fonctionner utilement sur les corps célestes.

Ce miroir de verre, même sans être argenté, réfléchit assez de lumière pour qu'on puisse le soumettre à l'épreuve des trois procédés ; on l'observe près du centre de courbure, et s'il est sphérique, l'image du point lumineux est ronde, nette et tranchée, les lignes du réseau sont droites et, revenant à l'image du point qu'on contemple par l'écran, on produit l'extinction simultanée sur toute la surface.

Ce fait constaté, on rapproche l'objet de la surface du miroir : nécessairement l'image s'éloigne et l'écartement qui survient entre les deux foyers conjugués exigerait, pour qu'il y eût encore convergence parfaite des rayons réfléchis, que la surface appartînt à un ellipsoïde de révolution. Or, comme elle est restée sphérique, les rayons émanés d'un point ne doivent plus se croiser en un seul point. On constate, en effet, par l'application des trois procédés, qu'il y a aberration, et dans un sens tel que les différents éléments du miroir donnent leur foyer à plus courte distance à mesure qu'ils s'éloignent de la partie centrale. L'image du point lumineux examinée au microscope commence à s'entourer d'une auréole d'aberration ; quand on change la mise au point, on voit cette image dégénérer de part et d'autre du plan focal en deux images complémentaires, dont l'une, plus rapprochée du miroir, présente au pourtour une accumulation de lumière, et dont l'autre affecte la disposition inverse ; les lignes du réseau commencent à se courber en tournant leur convexité à l'extérieur comme dans la figure 5, et l'extinction de l'image par l'écran produit sur la surface du miroir une distribution inégale de lumière (fig. 13) qui semble accuser un centre bombé et des bords relevés, avec une rigole circulaire entre deux. A tous ces caractères on reconnaît que la surface du miroir n'est pas celle qui conviendrait à la position actuelle des foyers conjugués et qu'elle en diffère de telle sorte que le rayon de courbure est relativement trop court et de plus en plus aux divers éléments à mesure qu'ils s'éloignent de la partie centrale. On voit déjà clairement indiquée la modification qu'il faudrait imprimer à cette surface pour la ramener à de meilleures conditions : évidemment il y aurait à la retoucher de manière à rétablir entre les rayons de courbure cette variation qui leur manque, et l'on verra plus loin qu'il y a une infinité de manières d'opérer cette retouche.

Poursuivons : c'est-à-dire, rapprochons encore l'objet du miroir, et repoussons du même coup l'image à plus grande distance. L'aberration va croissant, ainsi que les phénomènes qui en décèlent la grandeur et le sens ; en sorte qu'il devient manifeste que l'aberration pour une surface sphérique augmente avec la distance des foyers conjugués. Mais supposons que, partant du centre de courbure et avant de passer d'une station à une autre, on maîtrise les phénomènes d'aberration en exécutant les retouches conseillées par les indications des procédés d'examen, la figure du miroir, primitivement sphérique, sera graduellement modifiée par une série de retouches légères qui la feront successivement passer par la série des figures ellipsoïdales ayant le paraboloïde pour limite. Telle est la méthode qui a été suivie avec succès pour obtenir des miroirs à large ouverture donnant sans aberration sensible l'image des objets situés à l'infini.

Lorsqu'on a réussi à détruire toute aberration pour une situation particulière des foyers conjugués, et qu'on revient à l'une des positions précédemment occupées, on voit reparaître en sens inverse l'ensemble des phénomènes qui accusent une aberration dans le cône des rayons convergents. L'image du point lumineux entourée au foyer même d'une auréole lumineuse dégénère, quand on tire à soi le microscope oculaire, en un cercle cerné de lumière avec un centre plus ou moins obscur ; les fils du réseau apparaissent courbés dans l'image en tournant leur concavité en dehors (fig. 4), et la surface, examinée quand on masque l'image, apparaît (fig. 14) avec un creux dans la partie centrale et des bords renversés en arrière. En un mot, tous les phénomènes deviennent inverses de ceux qu'on observe sur une surface sphérique éprouvée en dehors du centre de courbure.

Si l'on convient de considérer comme *positive* l'espèce d'aberration qui résulte le plus souvent de l'extinction disproportionnée des surfaces sphériques, on désignera comme *négative* l'aberration de sens inverse qui provient d'une correction exagérée ou inopportune de l'aberration de sphéricité. Mais pour ne considérer que l'ensemble du faisceau indépendamment de l'appareil chargé d'en opérer la convergence, on peut convenir d'exprimer par aberration positive la constitution d'un faisceau dont les parties centrales convergent les dernières, auquel cas la caustique (fig. 10) formée par la suite des rayons entrecroisés a son sommet tourné du côté vers lequel la lumière se dirige ; tandis que par aberration négative on entendra désigner la constitution inverse d'un faisceau où les parties centrales convergent les premières : d'où résulte une caustique dont le sommet se tourne vers l'appareil convergent (fig. 11). A ces deux états du faisceau lumineux correspondent deux apparences contraires, et comme une même surface ellipsoïde peut donner une aberration positive ou négative, suivant qu'elle fonctionne pour des foyers situés en dedans ou en dehors des limites correspondantes à ses propres foyers, il en résulte qu'une même surface peut offrir au troisième procédé les deux aspects opposés. Pour s'en rendre compte, il importe de rechercher quel est le sens géométrique de la figure qui apparaît en en pareille circonstance.

Et d'abord il faut bien remarquer que pourvu qu'une surface fonctionne de manière à renvoyer vers l'observateur un faisceau exempt d'aberration, cette surface, quelle qu'elle soit, examinée au troisième procédé, apparaît uniformément éclairée comme si elle était plane. Si donc surviennent des altérations de forme capables de troubler la convergence des rayons, l'aspect de la surface en sera modifié de telle sorte qu'elle semble différer du plan comme la figure altérée diffère de la figure correcte. En d'autres termes, le relief du solide qui se montre en pareil cas, au lieu de révéler la véritable figure du miroir, fait connaître la figure du solide superposé à la surface correcte.

Supposons, par exemple, qu'une surface sphérique soit mise

en observation dans des circonstances où elle devrait présenter la figure ellipsoïde. C'est dire qu'à la surface qui convient s (fig. 12) on substitue la surface s' qui ne convient pas. Pour avoir une idée de l'aspect qui devra s'ensuivre, rapportons le cercle et l'ellipse aux mêmes coordonnées, puis construisons la courbe donnée par la variation de la différence des ordonnées correspondantes aux mêmes abscisses. Cette courbe, qui est du 4e degré, est bien celle qui, supposée tournant autour de l'axe, engendrerait une surface conforme à celle qui se dessine en clair-obscur (fig. 13 ou 14) sur un miroir soumis au troisième procédé, lorsque ce miroir a pris pour section méridienne une section conique, et qu'il est éprouvé en dehors des conditions définies par la position de ses propres foyers. On comprend d'ailleurs qu'il y ait dans cette figure interversion des creux et des reliefs, suivant que la surface réelle du moteur est intérieure ou extérieure à la surface théoriquement correspondante aux positions occupées dans l'espace par l'objet et l'image. Ainsi s'expliquent, dans leur variation progressive et continue, les divers aspects que présente un miroir ellipsoïde considéré à toutes les distances où peut se former l'image résultant du concours des rayons réfléchis.

Des trois procédés qui viennent d'être successivement décrits, un seul, à la rigueur, suffirait pour guider la main qui doit opérer les retouches et faire passer la surface du miroir par tous les ellipsoïdes qui conduisent à la figure limite du paraboloïde. Mais en les employant concurremment, on est plus assuré de se mettre en garde contre les fausses manœuvres. D'ailleurs ces divers procédés se complètent plutôt qu'ils ne se suppléent les uns les autres. L'expérience a montré bien des fois que, dès qu'ils s'accordent à désigner une surface sans défaut, l'effet optique atteint un degré de perfection qui ne laisse plus rien à désirer ; on peut même sciemment laisser persister de légères ondulations qui s'accusent au troisième procédé, sans que l'effet optique en paraisse sensiblement altéré, ce qui semble indiquer que ce genre d'examen réalise, à l'égard des surfaces optiques, une sorte de réactif sensible à l'excès. La difficulté n'est donc plus de constater les imperfections du travail des surfaces, et, pour les rendre irréprochables, ce qui reste à faire, c'est d'attaquer la substance du verre par un agent approprié aux minimes quantités qu'il s'agit de soustraire.

DÉTAILS PRATIQUES SUR LA TAILLE DES MIROIRS EN VERRE ET SUR L'EXÉCUTION DES RETOUCHES LOCALES

Quand le miroir de verre n'atteint pas de grandes dimensions, quand son diamètre ne dépasse pas une vingtaine de centimètres, le travail de la surface ne présente pour ainsi dire aucune difficulté, et l'on peut s'en tenir aux procédés en usage dans les bons ateliers d'optique. On commence par préparer une paire de bassins en cuivre un peu plus grands que le verre, on leur donne au tour la courbure voulue, et on les réunit, *balle et bassin*, en les frottant l'une sur l'autre avec de l'émeri de plus en plus fin. Le verre étant mis d'épaisseur, dégrossi et débordé, on le rode à l'émeri et à l'eau sur la partie convexe ou balle, jusqu'à ce que la surface ait pris un douci très fin et bien uniforme. Ensuite on colle sur ladite balle une feuille de papier que l'on imprègne de rouge d'Angleterre, et, par le frottement prolongé sur ce polissoir, on éclaircit la surface du verre qui finit, avec le temps, par prendre un poli parfait. En opérant ainsi, une main habile obtient ordinairement une surface de révolution qui ne coïncide pas exactement avec la sphère, mais qui en diffère dans le sens favorable à la correction de l'aberration de sphéricité. Aussi un pareil miroir comporte-t-il souvent une ouverture plus grande que celle qui correspond à la figure rigoureusement sphérique. Mais quand on aborde de plus grands diamètres, on ne peut plus compter sur l'exactitude de cette correction empirique, et il devient nécessaire de recourir à des retouches locales. De plus le prix des bassins augmente dans une proportion très rapide ; leur poids devient considérable, et l'adhérence qui va croissant entre le verre et le métal rend le travail plus pénible et diminue les chances de succès. Pour ces divers motifs, nous avons renoncé à l'emploi des bassins en métal, et nous en sommes revenu à travailler les miroirs verre sur verre. Dès lors les frais d'établissement ne consistent plus que dans l'acquisition de deux disques en verre de forme et de grandeur appropriées à celles que l'on veut conserver à la pièce.

S'agit-il, par exemple, de construire un miroir de 40 à 50 centimètres, on commence par se procurer, en les coulant dans un moule en fonte, deux disques de verre épais bien recuits, et terminés chacun par un revers convexe. Par un premier travail de dégrossissage opéré mécaniquement, on amène approximativement les deux surfaces principales à la courbure voulue, on déborde circulairement les deux disques en laissant un excès de diamètre à celui qui doit jouer le rôle de balle, on polit le revers de l'autre disque, et sur le pourtour de chacun d'eux on creuse une gorge destinée à recevoir des cordages pour faciliter les manœuvres.

Les deux pièces ainsi préparées, balle et miroir, sont dirigées vers l'atelier des opticiens et confiées à une main habile, afin d'y être travaillées l'une par l'autre avec tous les soins nécessaires pour engendrer une surface de révolution.

L'opération s'exécute sur un *poste* solidement établi, sorte de pilier isolé de toute part et qui porte en son centre un pas de vis sur lequel se montent les molettes qu'on fixe à la poix au revers de l'un et de l'autre disque ; verticalement au-dessus de ce centre à vis, on fixe au plafond un fort piton où s'accroche un ressort en hélice capable de supporter le poids du miroir. Enfin, pour donner prise à la main qui doit imprimer le mouvement, un appendice circulaire à rebord saillant et volumineux se monte à vis sur la molette et offre au besoin en son centre un point d'attache au cordage plus ou moins tendu qui, d'autre part, s'unit au ressort de suspension.

La balle en verre étant fixée sur le poste, on étend à la surface un émeri un peu grossier délayé avec de l'eau ; on dépose avec précaution le miroir par-dessus et l'on use les deux pièces l'une sur l'autre, en ayant soin de varier les mouvements de manière à distribuer également l'action dans tous les sens. En même temps qu'il tourne autour du poste, l'ouvrier fait circuler sous sa main le rebord de la molette, de manière à occuper avec la balle et le miroir des positions relatives constamment changeantes. Peu à peu l'émeri s'écrase, et pour éviter qu'il ne se dessèche, on l'humecte à tout instant d'eau projetée en gouttelettes sur les parties qui se découvrent tour à tour. Mais à mesure que le travail se prolonge, l'émeri perd son mordant, et parce qu'il devient de plus en plus fin, et parce qu'il s'encombre de parcelles détachées de l'une et de l'autre surface; au bout d'un certain temps l'ouvrier reconnaît qu'il convient de relever la pièce, d'éponger les deux parties et de renouveler l'émeri.

Il y a un certain art à bien conduire, comme on dit, un émeri de manière à le distribuer uniformément entre les surfaces et à le garder convenablement mouillé pendant un temps suffisant pour qu'il produise tout son effet; entre des mains inhabiles, l'émeri ne s'étend pas bien, ne se lie pas convenablement et s'échappe sans avoir exercé toute son action. On passe alors son temps en fausses manœuvres, on consomme inutilement des poudres, et le travail n'avance pas.

Les premiers émeris sont destinés à produire la coaptation des surfaces ; on reconnaît que ce résultat est obtenu à ce que les parties se meuvent indifféremment l'une sur l'autre dans toutes les directions. On emploie alors les émeris de plus en plus fins, qu'on désigne dans le commerce par le temps ou le nombre de minutes qui en opère la séparation quand on les traite par lévigation dans l'eau. En se succédant entre les surfaces frottantes, ces émeris, à une, à deux..., à quarante, à soixante minutes, communiquent au douci un grain uniforme et velouté dont la finesse se révèle par un ton opalin et demi-transparent.

Si l'on tient à obtenir une surface d'un rayon déterminé, il est prudent, pendant cette longue succession des différents émeris, de consulter de temps en temps le sphéromètre, car dans le cas où il serait indiqué d'augmenter le rayon de courbure, il n'y aurait qu'à fixer le miroir sur le poste et à continuer le travail avec la balle en dessus ; dans le cas contraire, il faudrait laisser les choses dans les conditions premières et faire dépasser le miroir en lui imprimant des mouvements étendus. Ces deux manières d'agir sur le rayon de courbure ont une grande efficacité, surtout quand on travaille verre sur verre. On s'en rend compte aisément en considérant qu'aussitôt que les pièces dépassent l'une sur l'autre, la partie qui surplombe presse par son milieu sur le bord de l'autre ; d'où il suit que l'usure, au lieu de se distribuer uniformément, porte en majeure partie sur le pourtour de la pièce inférieure et sur le milieu de la pièce supérieure. Il n'en faut pas davantage pour expliquer comment cette inégale répartition de pression et d'usure tend à augmenter la courbure, dans le cas où la partie concave est en dessus, et à la diminuer lorsqu'on agit dans la position inverse. Quand on sait tenir compte de cette influence, non seulement on n'a plus à en redouter les effets, mais encore on en tire parti pour maintenir la surface à son degré de courbure jusqu'au moment de commencer le poli.

Le douci étant amené au plus haut degré de finesse et d'uniformité, il s'agit de le transformer en un poli parfait. On connaît plusieurs procédés pour polir le verre ; celui qui a paru le mieux convenir au travail des miroirs est le polissage au papier et au rouge d'Angleterre. Sur la surface même du disque qui a servi à doucir le miroir, on colle à l'empois une feuille de papier dont la trame paraît aussi égale que possible ; au moyen d'une sorte de ménisque en verre appelé *colloir*, on chasse l'excès d'empois vers les bords, et on applique intimement le papier sur le verre ; puis, en l'attaquant légèrement par le frottement d'une éponge humide, on détache des parcelles, on *dégarnit* ce papier de manière à soulever une peluche qui, une fois séchée, retient utilement les poudres à polir. Il faut encore passer la pierre ponce, la chasser ensuite avec la brosse, après quoi on étend le rouge d'Angleterre avec un chiffon de papier froissé, et le polissoir est prêt.

Le miroir, lavé et séché, est déposé sur ce polissoir, qui le touche de toute part et qui va l'éclaircir aux premiers frottements ; mais avant de mettre la pièce en mouvement, il est indispensable de supporter une partie de son poids en la rattachant au ressort de suspension, au moyen d'une corde suffisamment tendue. A cette disposition on gagne déjà l'avantage de mouvoir sans effort une assez forte masse. Mais ce qui est plus important, c'est qu'en diminuant la pression sur le polissoir on ralentit le dégagement de la chaleur due au frottement, et l'on évite dans une certaine mesure les déformations qui en résultent. Si au contraire on néglige cette précaution, la chaleur qui provient d'un frottement énergique fait bomber les deux pièces, qui bientôt se quittent vers les bords et ne se touchent plus que par le milieu Le miroir *pivote* sur son centre, la partie moyenne seule se polit, la surface se creuse, et les bords restent mats. Mais, par l'emploi du ressort, on rétablit l'égalité d'action, et tout en prolongeant la durée du polissage, on n'est que plus assuré d'obtenir un bon résultat.

Quand le miroir paraît entièrement poli, on le démonte, on le soumet à un premier examen, et si la surface ne présente pas d'imperfection grave, on entreprend de l'amener par une série de retouches locales à la figure définitive qui doit en faire un miroir objectif parfait.

Pour exécuter convenablement cette délicate opération, il est nécessaire de disposer d'un local fermé où l'on puisse établir une ligne d'expérience quatre ou cinq fois plus longue que la distance focale principale du miroir. A l'une des extrémités, on place le miroir monté dans un cadre qui s'adapte au tube du télescope. Ce tube, débarrassé du prisme et des oculaires, est porté sur deux tréteaux qui le maintiennent dans une position horizontale et l'élèvent à une hauteur commode pour les observations. Des tables occupées par les objets nécessaires à l'examen des surfaces se meuvent dans toute l'étendue de la ligne. De plus, sur un bâti isolé comme un poste d'opticien, on dispose, pour recevoir le miroir, un bassin en bois dont la courbure s'adapte au revers de la pièce. Enfin on prépare, pour effectuer les retouches, une série de polissoirs dont le diamètre varie du cinquième au tiers de celui de la pièce à retoucher. Ces polissoirs sont en verre recouvert de papier et montés sur molettes en bois ou en liège. On s'en sert pour attaquer le miroir et pour exercer dans des points déterminés une usure de la même nature que celle qui a engendré le poli général de la surface. Mais, pour que cette soustraction de matière s'opère sans rompre la continuité de la courbure, en d'autres termes, pour que les retouches se fondent sans solution de continuité et sans ligne de démarcation perceptible à la surface primitive, il est indispensable d'apporter le plus grand soin à la préparation des polissoirs. Aussi croyons-nous utile d'aborder les détails pratiques et de donner à ce sujet les renseignements les plus précis.

Dès les premiers essais, on a reconnu que la meilleure courbure à donner au polissoir pour exécuter des retouches partielles n'est pas celle qui coïncide exactement avec la courbure du miroir : le mieux est de lui assurer un léger excès de convexité, parce qu'alors le contact a lieu au centre ; par suite, la retouche s'adresse plus directement à l'élément auquel on la destine, et elle se fond dans la surface de part et d'autre du point de contact par une transition insensible. Cependant il ne faudrait pas exagérer cet excès de courbure, car le contact se restreindrait à une étendue qui ne serait plus en rapport avec celle du polissoir. Enfin, lors même que le polissoir aurait la courbure voulue, il importe encore de surveiller attentivement l'état du papier qui sert de véhicule aux poudres polissantes, car parfois il arrive que ces poudres voyagent et qu'en se déplaçant elles décentrent le point d'attaque de manière à dérouter l'opérateur et à fausser la retouche. Il y a donc un ensemble de conditions délicates à remplir. Mais l'art des opticiens offre des ressources qui permettent de surmonter toutes les difficultés.

Quand on veut préparer un polissoir et lui communiquer la courbure précise qui convient au travail de retouche, la marche à suivre consiste à le marier avec une contre-partie en verre de même diamètre et de courbure inverse : on a ainsi, d'après les expressions reçues, une balle et un bassin que l'on rode l'un sur l'autre avec le soin qu'on apporterait à l'exécution d'une bonne surface. Ces disques une fois *réunis*, il faut en vérifier la courbure. Pour cela on pose la partie concave ou bassin sur la grande balle qui a servi au travail du miroir et dont la surface est restée dépolie, et par un frottement développé sur place on fait apparaître une trace blanchâtre qui décèle la répartition des points de contact. Pour que le polissoir qui est convexe arrive à toucher le miroir par son centre, il est clair qu'il faut que le petit bassin touche la grande balle par le bord et y laisse par le frottement une trace annulaire. Tant que ce résultat n'a pas été obtenu, on continue de modifier par un rodage réciproque la courbure des deux pièces, en ayant soin de tenir le bassin dessus ou dessous, suivant qu'il faut augmenter ou diminuer la courbure ; puis enfin, lorsque l'épreuve du frottement sur le dépoli de la grande balle donne une trace annulaire qui va en mourant jusqu'au milieu de la distance au centre, on est sûr que les deux disques ont la courbure voulue, et l'on peut s'occuper de coller les papiers.

A la rigueur il suffirait de garnir le polissoir; mais, de même que les deux pièces ont servi à se régulariser l'une par l'autre en les rodant verre sur verre, de même une fois garnies toutes deux on perfectionne les papiers en les soumettant à un traitement analogue. On colle ces papiers à l'empois dont l'excès s'échappe sous l'action du colloir; on promène à la surface une éponge mouillée en ayant soin d'attaquer légèrement l'espèce d'épiderme formé par l'encollage primitif, et on laisse sécher. Quand l'humidité s'est dissipée, on trouve le papier bien tendu, mais il est comme rugueux et chargé de parcelles roulées en globules qui ont été détachées par l'éponge; on les enlève par le frottement d'une ponce plate et on les chasse avec la brosse. En cet état on pourrait considérer le polissoir comme prêt à entrer en action; cependant, comme le papier peut présenter des inégalités d'épaisseur, nous lui faisons subir une dernière préparation qui a aussi pour effet de soulever un velouté très propre à fixer et à retenir les poudres. Cette préparation consiste à réunir les deux papiers, à les attaquer l'un par l'autre avec de la ponce pulvérisée et mouillée d'un liquide qui ne décolle pas l'empois. On fixe avec le polissoir sur l'établi, on l'arrose de benzine, on le saupoudre de ponce pilée, on dépose le bassin pardessus, et l'on agit pendant un certain temps comme si l'on voulait doucir une surface. Peu à peu la benzine s'évapore, la ponce qui formait bouillie redevient pulvérulente, et quand on sent qu'elle a une tendance à se réunir en tas, on l'écarte, et on recommence ainsi deux ou trois fois. On donne pour finir un coup de brosse que l'on prolonge avec insistance, et l'on voit le papier recouvrer sa blancheur. Mais si on l'examine avec attention, on reconnaît que la surface s'est avantageusement modifiée en se recouvrant d'un velouté uniforme dont la présence favorise toujours l'action du polissoir.

A la manière dont s'étalent et se fixent soit le rouge, soit le tripoli qu'on ajoute pour donner du mordant, on constate déjà que le traitement à la ponce et à la benzine réalise des conditions d'uniformité qui rarement se rencontrent dans la feuille de papier employée telle quelle. Mais lorsque le travail se prolonge, lorsqu'un polissoir a servi pendant plusieurs heures, on le voit se comporter bien différemment suivant qu'il a subi ou non cette dernière préparation. Quand on omet de réunir les papiers, l'opération marche bien, il est vrai, pendant un certain temps, mais bientôt dans la partie centrale où s'exercent les plus fortes pressions, le papier se tasse, perd sa porosité et se dépouille de son duvet; il se lisse et ne retient plus les poudres, qui se réfugient vers les bords. En pareil cas, malgré l'excès de courbure du polissoir, l'attaque n'a plus lieu par le centre, ce sont les bords qui mordent; en sorte qu'au lieu de pratiquer des retouches qui se fondent insensiblement les unes dans les autres, on court le risque de tracer des sillons plus ou moins profonds et toujours difficiles à réparer. Si au contraire on a pris soin de roder le polissoir suivant le procédé décrit, comme cette opération met à nu les parties profondes et spongieuses du papier, les poudres s'y logent et s'y fixent d'une manière plus durable, en sorte que la partie centrale garde beaucoup plus longtemps son efficacité. On ne voit pas cette région se lisser, se dégarnir comme dans le premier cas, et l'on ne risque pas de faire de fausses retouches par suite de l'affaissement des parties centrales du polissoir et de la prédominance fâcheuse des bords.

Étant ainsi pourvu de deux ou trois polissoirs de grandeurs différentes et bien adaptés à la courbure moyenne du miroir, rien n'empêche d'entreprendre le travail de retouche. Des trois procédés d'examen qui ont été décrits, deux suffisent à diriger l'opération, le premier et le dernier : c'est-à-dire l'observation microscopique de l'image et la vision directe de la surface par les rayons déviés de l'image interceptée. Ce qui détermine le choix de ces deux procédés, c'est que l'objet lumineux est le même pour tous deux et que, pour passer de l'un à l'autre, il suffit d'échanger le microscope pour l'écran.

Par un premier examen au voisinage du centre de courbure, on explore la surface, et suivant qu'elle réclame une retouche plus ou moins locale, on détermine la grandeur du polissoir qu'il convient d'employer; puis on dépose le miroir sur son bassin en bois tapissé d'une étoffe de laine, et l'on procède à la mise en train.

Généralement toute surface qui a séjourné un certain temps au contact de l'air se montre rebelle à l'action du polissoir, si on ne prend soin de la nettoyer de manière à lui communiquer un état d'homogénéité parfaite. On la saupoudre de blanc d'Espagne, on y verse un peu d'eau, et au moyen d'un tampon de coton on en forme une pâte qu'on étend uniformément et qu'on laisse sécher. On saisit ensuite un nouveau tampon léger, bouffant, peu serré, dont on effleure seulement la surface; le blanc peu adhérent se détache, s'échappe au dehors et laisse apparaître le verre uniformément recouvert d'un voile transparent; en continuant de frotter légèrement avec du coton constamment renouvelé, on voit ce voile se dissiper peu à peu et la surface du verre finit par se montrer nette et pure. Toutefois, sur une surface préparée de la sorte le polissoir glisse tout d'abord et ne finit par mordre qu'après avoir repassé plusieurs fois sur les mêmes parties. Les points où il commence à prendre se distribuent çà et là, irrégulièrement, par plaques où les poudres s'attachent et où l'on sent naître l'adhérence qui décèle un travail. Ces plaques grandissent peu à peu; mais tant qu'elles ne sont pas devenues confluentes, l'action du polissoir manque d'uniformité, et il y aurait danger d'altérer la surface si l'on se servait du rouge qui a beaucoup de mordant; il est préférable d'employer, pour commencer, le tripoli de Venise qui s'étend bien sur le papier, qui attaque le verre moins vivement et qui semble avoir qualité pour la mise en train.

Lorsque le polissoir s'applique également bien sur tous les points, lorsque son adhérence est la même partout, on peut remplacer le tripoli par le rouge d'Angleterre, et désormais le travail commence. C'est le moment de chercher, d'après l'examen optique des surfaces, à se représenter la figure du solide de révolution qui est comme superposé au miroir et en altère la figure; puis il faut se demander quel est le mouvement à donner qui, étant répété un grand nombre de fois, en tournant autour du centre, sera capable d'enlever par usure le solide en excès. Ce mouvement, quel qu'il soit, une fois adopté, devra être exécuté sans changement tel qu'on en a décidé, pendant un certain temps, dix minutes, un quart d'heure, après quoi le miroir sera de nouveau examiné.

Sans doute il pourra arriver qu'on ait mal jugé et que le mouvement exécuté donne un résultat autre que celui qu'on attendait; mais au moins l'épreuve portera un enseignement, tandis que si on variait la manœuvre plusieurs fois entre deux examens, le résultat observé ne conduirait à aucune conclusion précise. Du reste, quand les polissoirs sont bien préparés, qu'ils touchent par le milieu et non par les bords, que le papier ne se glace pas et conserve son velouté, que les poudres ne voyagent pas, il n'y a pas à craindre que les résultats soient en discordance manifeste avec les manœuvres qu'on a exécutées. Le polissoir mené successivement suivant tous les diamètres produira à coup sûr une creusure centrale; mais si on le dirige suivant une série de cordes égales, on ne manquera pas de creuser une rigole annulaire qui s'éloignera du centre à mesure qu'on agira suivant des cordes plus petites, et la largeur de la zone attaquée variera avec l'étendue de la partie frottante et avec l'excès de sa courbure sur celle du miroir. Le mouvement de polissage dirigé suivant toute corde suffit donc déjà pour attaquer tous les points de la surface; mais, afin d'arriver à croiser les traits, on a encore la ressource de tracer des ellipses tournantes plus ou moins allongées, plus ou moins dilatées : seulement il ne faut pas négliger de surveiller l'état du polissoir, de circuler d'un pas uniforme autour de la pièce et de contrôler par un examen fréquemment répété l'effet produit par chaque espèce de retouche. On arrivera ainsi à rendre d'abord la surface sphérique, c'est-à-dire à obtenir au voisinage du centre de courbure une image nette du point lumineux et à produire l'extinction simultanée du faisceau en interceptant cette image par le bord de l'écran opaque.

Une fois réalisé, ce premier résultat, qui déjà témoigne de l'efficacité des retouches, prépare la voie au travail qui doit suivre et qui a pour objet de parvenir au paraboloïde de révolution en passant par les ellipsoïdes intermédiaires. Le point lumineux qui était placé au centre de courbure étant rapproché du miroir, le foyer se déplace en sens inverse, et l'examen optique, qui tout à l'heure accusait une surface parfaite, décèle dans cette nouvelle position un commencement d'aberration de sphéricité, l'image s'entoure d'une nébulosité légère, qui disparaît quand on force la mise au point du côté du miroir, et qui s'exagère dans le cas contraire; c'est le caractère de l'aberration positive. En effet, l'écran qui s'avance pour intercepter l'image communique à la surface l'aspect déjà signalé (fig. 13). On croit y voir une éminence centrale séparée du bord par une creusure annulaire ; mais en variant tant soit peu la distance de l'écran au miroir, on détermine dans l'aspect stéréoscopique de cette surface des changements par suite desquels le fond de la gorge annulaire semble s'approcher plus ou moins du centre de figure. L'interprétation rationnelle de ce phénomène conduit à reconnaître qu'il existe une infinité de manières de retoucher le miroir pour effacer l'aberration : cela revient à dire qu'entre l'ellipsoïde osculateur au centre (fig. 15) et l'ellipsoïde tangent au bord de la surface sphérique (fig. 17) il existe une infinité d'ellipsoïdes qui ont avec la surface réelle un cercle de contact (fig. 16) dont le diamètre peut prendre toute longueur moindre que le diamètre du miroir.

Parmi ces surfaces, vers laquelle faut-il tendre ? Cela dépend des dimensions du miroir. Quand son diamètre ne dépasse pas $0^{m},25$ à $0^{m},30$, il y a intérêt à adopter la retouche la plus facile à exécuter ; or c'est évidemment celle qui, respectant le bord, s'exerce particulièrement sur la partie centrale ; mais quand le miroir prend des dimensions plus grandes, il vaut mieux se laisser guider par une autre considération et rechercher le système de retouche qui conduit à enlever le minimum de matière : on est ainsi conduit à partager la retouche entre le bord et le centre et à réserver, conformément à l'indication de la figure 16, la zone qui correspond au cercle de contact. De toutes manières on arrive à opérer le nivellement apparent de la surface et à détruire du même coup l'aberration qui entourait l'image du point lumineux.

Ce résultat constaté, on répète la même opération pour une position plus avancée des foyers conjugués et, par suite, le miroir se modifie en prenant une forme ellipsoïde de plus en plus prononcée. Passant ainsi de station en station, les deux foyers cheminent en sens opposés, et ils indiquent, en s'écartant l'un de l'autre, que l'ellipsoïde subit un allongement correspondant.

Enfin l'image du point, repoussée de proche en proche et toujours maintenue exempte d'aberration, se trouve portée à l'extrémité de la ligne d'expérience. Il s'agit maintenant, par une dernière retouche, de la rejeter toute corrigée à l'infini. Plus la ligne d'expérience sera longue, moins cette dernière phase du travail semblera hasardeuse ; cependant il faut savoir se maintenir dans les limites pratiques. Nous avons supposé que, dans l'emplacement où l'on opère, la distance des deux stations extrêmes est au plus égale à cinq fois la longueur focale du miroir ; conservons ces données, et montrons que la dernière retouche peut encore être soumise à un contrôle rigoureux.

Lorsque l'image du point lumineux est reléguée à l'extrémité de la ligne, le point lui-même est encore à une certaine distance du foyer principal, et comme ce dernier est à moitié chemin du centre de courbure, sa position est déterminée. Nommons f le point correspondant au foyer principal, f' la position actuelle du point lumineux, et f'' une de ses positions antérieures, avec la condition de prendre $f'f''$ égal à ff'. En vertu des principes précédemment exposés sur la marche des aberrations positive et négative, il arrivera que si l'on ramène le point lumineux en f'', les apparences seront sensiblement conformes à celles qui devront se montrer lorsque le miroir sera rendu parabolique, et que le point lumineux sera maintenu en f'. Étudions donc le relief de la figure qui se produit alors, puis, ramenant le point lumineux en f', appliquons-nous à reproduire ce relief en modifiant la surface par une dernière retouche. Par ce moyen on arrive à rejeter sans aberration l'image à l'infini, et à communiquer au miroir une figure voisine du paraboloïde de révolution. Mais s'il est impraticable d'aller observer l'image à l'infini où on l'a repoussée, rien n'est plus aisé, en intervertissant l'image et l'objet, que d'obtenir la vérification du résultat obtenu. On n'a qu'à prendre pour point de mire un objet extérieur situé à une distance aussi grande qu'on voudra, et à l'observer au moyen du miroir monté en télescope newtonien. L'image doit se montrer exempte d'aberration, et présenter des traces de diffraction aux contours de l'objet. Si cet objet est un point lumineux ou s'il affecte l'apparence du réseau à maille carrée, les trois procédés deviennent applicables au foyer principal, et pour peu qu'un défaut perceptible eût échappé à la dernière touche, il serait toujours temps d'y revenir et de le faire disparaître.

En résumé, la méthode que nous venons de décrire consiste à soumettre les surfaces à des épreuves optiques, et à les modifier par des retouches faites à la main jusqu'à ce qu'elles se montrent sans défaut. La nature des choses, avec laquelle il faut toujours compter, a permis d'instituer, d'une part, des procédés d'examen et, d'autre part, de recourir à des moyens d'attaquer la substance du verre, qui, sous le rapport de la précision, fussent les uns et les autres au niveau du résultat qu'il fallait obtenir. Si, contrairement à ce que l'expérience a pleinement démontré, les procédés d'examen manquaient de sensibilité, ou si les moyens d'attaque étaient moins délicats, la méthode eût échoué ; aussi n'osons-nous affirmer qu'elle soit applicable aux miroirs métalliques, car il n'est pas démontré que l'alliage cristallin dont on les a formés jusqu'ici soit susceptible de supporter indéfiniment comme le verre l'action du polissoir. Mais lors même qu'on échouerait en essayant d'étendre aux miroirs métalliques le bénéfice des retouches locales, il n'y aurait pas à le regretter sérieusement, car l'opération venant à réussir, on n'en tirerait qu'un résultat précaire, et qui se trouverait compromis dès l'instant où le poli s'altérerait sous l'influence des agents atmosphériques. Sur le verre, au contraire, la courbure une fois réalisée peut être considérée comme acquise d'une manière définitive, attendu que les altérations qui surviennent avec le temps n'intéressent que la couche métallique déposée après coup par une opération que rien n'empêche de renouveler indéfiniment.

DÉFINITION ET DÉTERMINATION NUMÉRIQUE DES POUVOIRS OPTIQUES[1]

La méthode que nous venons de décrire et dont l'application a été répétée un grand nombre de fois a pour effet constant de porter les surfaces optiques à un degré de perfection qu'on atteint assez rapidement, et qu'on ne peut bientôt plus dépasser. Quand on est arrivé à ce point, il y a lieu de se demander si l'impossibilité de progresser encore tient à l'imperfection des procédés, ou si elle provient de ce qu'on a touché le but en réalisant une surface parfaite. Pour

1. Voir *C. R. de l'Ac. des Sc.*, t. XLVII, p. 205 ; *Procès-verbaux de la Soc. phil.*, 1858, p. 47 ; *Cosmos*, t. XII, p. 590, et t. XIII, p. 162.

nous la question n'est pas douteuse, et nous n'hésitons pas à considérer comme parfaite une surface qui agit sensiblement sur la lumière comme le ferait un miroir rigoureusement conforme à la figure désignée par la théorie.

Lorsqu'une surface approche de ce degré de perfection relative, on voit survenir un ensemble de caractères qui, une fois appréciés, servent de guide à l'opérateur et l'avertissent du moment où il doit considérer son travail comme terminé. En même temps que s'effacent les défauts trahis par les divers procédés d'examen, l'image fournie par une telle surface prend au microscope un aspect particulier qui flatte l'œil, et qui ne se dément pas lors même qu'on y applique des grossissements exagérés. Cet aspect remarquable provient de ce que l'image est alors formée par le groupement d'éléments correctement circulaires. Chacun de ces disques élémentaires est, à la vérité, entouré d'un certain nombre d'anneaux ; mais, comme ces derniers n'ont qu'une intensité rapidement décroissante, le disque central conserve une supériorité d'éclat qui lui assure la prépondérance dans le tracé précis des contours. Des divers anneaux qui entourent ce disque on n'aperçoit ordinairement que le premier, et comme un intervalle obscur les sépare, il en résulte que ce premier anneau n'apporte dans l'image aucune confusion sensible, et qu'en se superposant à lui-même il se borne à dessiner un pâle cordon qui circule parallèlement aux contours les plus accentués de l'image. La théorie de la diffraction explique ce phénomène qui dénote que tous les rayons du cône convergent arrivent au sommet dans un accord de vibration à peu près complet. Si à la surface approximative obtenue par la méthode expérimentale on pouvait substituer une surface rigoureusement exacte, les rayons arriveraient au sommet du cône en concordance parfaite, mais le point lumineux ou plutôt le disque étroit formé par leur concours n'en serait pas moins entouré d'anneaux. Il n'y a donc pas d'intérêt pratique à pousser la perfection des surfaces au delà du degré nécessaire à l'apparition des phénomènes caractéristiques de la diffraction. Lorsque ces phénomènes se montrent au foyer d'une manière évidente, c'est-à-dire lorsque l'image d'un point formée à miroir entièrement découvert apparaît sous la forme d'un disque entouré d'anneaux circulaires d'une intensité rapidement décroissante, on peut être assuré qu'un pareil miroir, dirigé sur toute espèce d'objet terrestre ou céleste, donnera de bonnes images, et qu'il produira un effet optique en rapport avec son étendue diamétrale.

Mais pour juger sûrement du résultat, et pour en donner une expression moins vague que celle qu'on emprunte habituellement au langage ordinaire, il convient de diriger le miroir monté en télescope newtonien vers une mire lointaine, systématiquement composée de manière à offrir à l'observation des détails placés à la limite de visibilité. On construit ces mires d'épreuve en traçant sur une lame d'ivoire des séries de divisions partagées en groupes successifs où le millimètre est fractionné en parties de plus en plus petites. La largeur du trait doit varier d'un groupe à un autre en proportion telle que dans chacun d'eux les espaces noircis aient la même étendue que l'intervalle qui les sépare (fig. 18). Quand on considère à l'œil nu une pareille mire placée à distance ou qu'on l'observe avec un instrument trop faible, les différents groupes présentent une teinte grise uniforme. Mais si l'on diminue la distance ou si l'on prend des instruments plus puissants, on voit les groupes de divisions les plus écartées se résoudre en traits distincts, tandis que les autres restent confondus. En augmentant le grossissement, et en éclairant suffisamment la mire, on s'assure que dans les groupes qui demeurent uniformément gris, la confusion des traits n'est pas imputable à l'impuissance de l'œil ; elle est donc à mettre tout entière sur le compte de l'instrument qui résout l'un des groupes et ne résout pas le suivant. En constatant ainsi quel est le groupe dont les divisions se trouvent par leur rapprochement placées à la limite de visibilité, on acquiert la preuve positive que l'instrument sépare les parties écartées par un certain espace angulaire, et ne sépare pas celles qui sont plus rapprochées les unes des autres. Il suit de là que l'aptitude de l'instrument à pénétrer les détails des objets observés, ou ce qu'on peut appeler son *pouvoir optique*, est inversement proportionnel à l'angle limite de séparabilité de divisions contiguës : il a, en définitive, pour expression le quotient de la distance de la mire par l'intervalle moyen des dernières parties distinctes.

Nous avons soumis à ce genre d'épreuve un grand nombre

de miroirs de toutes dimensions et de toute longueur focale ; ces expériences nous ont conduit à une expression générale des pouvoirs optiques qui est d'une remarquable simplicité. Nous avons trouvé que ce pouvoir optique est indépendant de la longueur focale, qu'il varie uniquement et proportionnellement avec l'étendue transversale du miroir, et qu'il peut être compté sensiblement à raison de 150.000 unités par $0^{m},10$ de diamètre. Sans avoir opéré des déterminations aussi nombreuses sur les objectifs achromatiques, nous avons cependant reconnu, en les réduisant à leur surface efficace, qu'ils sont soumis à la même loi, et qu'à diamètres égaux, lunette et télescope sont susceptibles du même pouvoir optique.

Ce fait, qui désormais paraît établi, conduit naturellement à rechercher dans la constitution physique de la lumière, et non dans l'imperfection des instruments, l'obstacle qui limite l'extension des effets déjà obtenus. Quelle que soit la variété de construction dont ils sont susceptibles, ces instruments, à mesure qu'ils approchent de la perfection, tendent à accuser des pouvoirs optiques qui soient dans un rapport constant avec les diamètres respectifs des faisceaux admis. On ne saurait donc se refuser à considérer ce rapport comme une constante physique dont la valeur exprime l'aptitude de la lumière à former des images plus ou moins détaillées. En prenant pour unité de longueur le millimètre, auquel on rapporte habituellement l'ondulation lumineuse, on trouve, d'après les mesures expérimentales des pouvoirs optiques pour la valeur de cette constante, le nombre 1.500. Cette constante optique de la lumière est intimement liée à la longueur d'onde et lui est inversement proportionnelle, en sorte qu'elle varie pour les rayons de différentes couleurs de manière à assurer la plus grande puissance de définition aux rayons les plus réfrangibles, ce que l'expérience a confirmé bien des fois, notamment par la netteté remarquable des épreuves photographiques d'objets microscopiques, qui s'engendrent sous l'action prépondérante des rayons ultra-violets.

En général les constantes physiques ont une raison d'être qui découle directement de la nature de l'agent dont elles définissent les propriétés fondamentales. Évidemment ce nombre 1.500, qui exprime en quelque sorte la *séparabilité* des éléments lumineux, procède du nombre d'ondulations contenues dans l'unité de longueur, et multiplié par un certain coefficient qui dépend à la fois du procédé employé pour déterminer les pouvoirs optiques, et de l'aptitude physiologique de la rétine à percevoir les impressions différentielles.

Il est à craindre qu'en essayant de donner cours à la notion des pouvoirs optiques nous provoquions, sans le vouloir, l'annonce de pouvoirs impossibles ; il n'est rien dont on n'abuse ; aussi, pour mettre les observateurs en garde contre des assertions illusoires, avons-nous pris soin d'indiquer les moyens d'obtenir des déterminations comparables, tout en insistant sur l'existence d'une limite absolue à l'exaltation des pouvoirs réalisables par les instruments d'optique.

Il y a cependant à réserver le cas où les instruments seraient éprouvés sur le ciel. Par un temps très pur il pourra arriver que l'observation des étoiles doubles de grandeurs égales révèle un pouvoir optique plus fort, et jusqu'à deux fois plus élevé que celui qu'on aurait conclu de l'observation de mires terrestres. Voici l'explication de cette discordance possible. Dans la mire terrestre, les détails qu'on cherche à distinguer sont des espaces égaux alternativement noirs et blancs ; c'était là une disposition nécessaire pour retomber facilement en toute occasion dans des conditions identiques d'éclairement et d'observation. Mais cette égalité des noirs et des blancs n'est pas à beaucoup près la condition la plus favorable à la résolution de l'ensemble. En effet, dans l'image d'un pareil système la largeur des blancs est égale à leur étendue géométrique augmentée du diamètre sensible inhérent à la grandeur des disques élémentaires, en sorte qu'au moment où ces blancs commencent à se confondre, ils ont une largeur double de celle qu'ils présenteraient, si dans l'objet les parties blanches étaient infiniment petites par rapport aux noires ; mais au ciel la dimension réelle des étoiles doubles est infiniment petite par rapport à l'espace qui les sépare. Aussi leur étendue dans l'image se trouve-t-elle réduite à celle des disques élémentaires, ce qui fait que par une atmosphère homogène leur séparation à égalité d'angle sous-tendu est plus facile que celle de la mire. Nous ne sommes pas en mesure de dire combien le pouvoir optique déterminé sur les étoiles l'emporte sur celui que fournit l'observation d'une mire divisée, mais nous avons reconnu qu'il est effectivement plus considérable. Un télescope de $0^{m},33$ qui nous a fourni la première occasion de revoir le dédoublement du compagnon bleu de γ Andromède[1], en vertu de son pouvoir optique évalué à 400.000, semblait ne devoir atteindre que la demi-seconde. On estime à $\frac{4}{10}$ de seconde le petit arc sous-tendu par le système binaire des étoiles bleues de γ Andromède.

Nous avons exprimé d'une manière générale que dans un instrument parfait le pouvoir optique est indépendant de la distance focale. Si l'on tient à s'en rendre compte, il faut analyser la constitution des images réelles en suivant pas à pas les déductions de la théorie. Dans une image parfaite, le nombre des points distincts dépend évidemment de l'étendue des disques élémentaires qui représentent les différents points de l'objet. Or, comme ces disques sont limités par un cercle obscur qui est le lieu géométrique de tous les points où une moitié du faisceau lumineux est en discordance de vibration avec l'autre moitié, il en résulte que l'étendue de ces disques dépend à la fois de la longueur d'onde et de l'angle de convergence des rayons extrêmes. Pour une longueur d'onde invariable, et pour un diamètre constant de la base du faisceau, l'image varie en étendue avec la distance focale ; mais comme l'étendue des disques élémentaires varie sensiblement dans le même rapport, il en résulte que le nombre des parties distinctes ne change pas. C'est en se fondant sur ce genre de considération qu'on a été conduit à construire des instruments à court foyer sans crainte de porter atteinte aux pouvoirs optiques.

Mais si réellement ce pouvoir ne dépend que du diamètre de la surface utile de l'objectif, on doit s'attendre, en réduisant par un diaphragme la surface agissante d'un miroir reconnu comme bon, à diminuer proportionnellement l'effet optique. Ce résultat, qui était prévu, semblait tellement contraire à ce qui arrive ordinairement qu'il nous a semblé utile de le constater d'une manière directe.

1. Voir *C. R. de l'Ac. des Sc.*, t. XLVII, p. 205, et *Cosmos*, t. XIII, p. 162.

L'expérience a été répétée plusieurs fois sur des instruments de toutes dimensions, et il est maintenant constaté que par l'application des retouches locales on porte les miroirs à ce degré de perfection où ils ne supportent aucun diaphragme sans perdre de leur puissance optique. De là il résulte un nouveau caractère et une épreuve bien simple à consulter pour reconnaître la valeur des instruments, car, suivant qu'ils perdent ou qu'ils gagnent à être plus ou moins diaphragmés, on jugera d'une manière décisive s'ils approchent plus ou moins de la perfection.

Tous ces faits sont autant de confirmations en faveur de la théorie des ondulations. Dans l'ancienne théorie, le foyer est simplement le point de croisement de rayons indépendants; plus il y a de rayons, plus il y a d'intensité, mais moins il y a de chance que le croisement ait lieu en un point unique. Suivant le système des ondulations, le foyer qui se forme au sein d'un milieu homogène est le centre d'ondes sphériques de mouvements concordants; plus l'onde a d'étendue, mieux ce centre est déterminé. Les rayons que l'on considère géométriquement n'ont pas d'existence individuelle, ce sont de simples directions de propagation. Parmi les prétendus rayons qu'une surface est chargée de grouper en foyer, il n'en est pas d'indifférents; ceux qui vibrent en concordance se constituent effectivement en foyer limité; ceux qui, par une imperfection de surface, ont subi une différence de marche capable de les mettre en discordance, sont rejetés à une certaine distance des premiers sans jamais en approcher au delà d'une certaine limite; il y a discontinuité entre les rayons concordants et les rayons discordants, et cette discontinuité s'accuse par la présence d'un cercle noir qui règne comme un rempart autour du gros des rayons efficaces. Que si, par des retouches locales, on s'applique à ramener les rayons déviés, on remarquera que jamais ils ne pénètrent dans cet espace obscur, qu'ils l'évitent et le franchissent comme par l'effet d'un équilibre instable, pour se réunir, en les pressant, au groupe des rayons concordants.

Cette discontinuité dans la marche des rayons appelés à devenir efficaces explique un phénomène dont la singularité nous a souvent frappé. Quand une surface, même très incorrecte, est seulement de révolution, le phénomène qui se remarque pendant les tâtonnements de la mise au point consiste en ce que, dans une étendue plus ou moins considérable de part et d'autre du meilleur foyer, on constate la présence d'une image qui ne cesse d'être nette, tout en se détachant sur un fond de lumière ambiante. Assurément, si les rayons déviés pouvaient approcher de plus en plus du foyer, ce phénomène n'apparaîtrait pas, attendu que les foyers successifs formés par les différentes zones seraient continûment noyés les uns par les autres. Mais, comme en réalité tout foyer est cerné et comme préservé de la confusion par un anneau noir, la zone, quelle qu'elle soit, qui forme image dans le plan où l'on observe, est bornée, de part et d'autre, de zones inefficaces qui assurent à sa propre image la faculté de dominer sur le fond lumineux formé par la dissémination brusque des autres rayons.

La même explication rend compte du phénomène de doublure qui se produit si fréquemment dans les grands instruments. Les opticiens supposent que la doublure des images est due à un accident de travail, qui partage l'étendue de l'objectif en deux surfaces discontinues séparées par une arête de rebroussement. Cette explication n'est nullement fondée, car jamais on ne constate directement ni intersection, ni discontinuité de surface. En réalité, la doublure des images résulte de la superposition, dans l'appareil convergent, de deux défauts distincts : elle se produit toutes les fois que l'objectif est entaché d'une aberration générale positive ou négative, et que de plus il présente deux sections méridiennes rectangulaires de courbures inégales. On comprend, en discutant les chemins parcourus, qu'en pareil cas il se forme dans le cône convergent deux groupes excentriques de rayons efficaces, et que les rayons centraux laissés en discordance deviennent inefficaces dans leur direction normale. On produit à volonté le phénomène de doublure des images, en choisissant un miroir affecté d'aberration, et en le comprimant suivant un diamètre. Quand l'aberration est positive, la doublure se produit perpendiculairement au diamètre comprimé ; dans le cas contraire, elle se manifeste parallèlement à ce même diamètre.

Si maintenant on considère que cet anneau noir qui entoure l'image focale de chaque point lumineux, et qui concourt si puissamment à donner de la fermeté aux images, a aussi pour effet de rejeter les rayons nuisibles à une distance sensible des rayons utiles, on jugera combien sa présence doit favoriser l'application du troisième procédé d'examen des surfaces, lequel a précisément pour objet d'établir, par l'interposition du bord d'un écran opaque, le départ entre les uns et les autres.

Lorsque, par l'effet des retouches, tous les rayons nuisibles sont rentrés dans l'ordre, on n'en saurait conclure, comme nous l'avons déjà dit, que la surface réfléchissante réalise en toute rigueur la perfection géométrique ; mais il en résulte que les écarts qui subsistent sont contenus dans des limites dont on peut déterminer, par des considérations très simples, la minime étendue. La formation d'un foyer exact implique la concordance rigoureuse ou l'égalité absolue des chemins parcourus par tous les rayons. Si donc il y a formation d'un foyer sensiblement parfait, ce n'est pas exagérer que d'admettre que tous les rayons concordent à moins d'une demi-ondulation près, car ceux qui seraient en différence de marche d'une longueur de chemin plus grande seraient rejetés en dehors du premier anneau noir, et viendraient renforcer les anneaux extérieurs. Or l'ondulation moyenne est d'un demi-millième de millimètre, et la demi-ondulation d'un quart de millième ; mais si quelque portion de la surface est en erreur d'une certaine quantité, cette erreur réagira sur les chemins parcourus ou elle sera doublée par la réflexion, et puisque, par hypothèse, tous les rayons s'accordent à moins d'une demi-ondulation, il en résulte que tous les points de la surface réelle approchent de la surface théorique à moins d'un huit-millième de millimètre près, soit un dix-millième. Tel est, indépendamment de l'étendue des surfaces, le degré de précision que comporte l'application des retouches locales poussée jusqu'au point de réaliser des foyers physiquement parfaits. Interrogé sur des quantités de cet ordre, le sphéromètre ne répond plus qu'avec incertitude ; comment donc une machine à travailler le verre pourrait-elle les atteindre ? Il fallait s'en tenir au travail à la main, et encore la main de l'homme n'agit-elle pas seule, et doit-elle à tout instant se guider d'après les indications mêmes de la lumière.

En résumé, dans ce chapitre, spécialement consacré aux pouvoirs optiques, nous établissons qu'il existe un ensemble de caractères auxquels on reconnaît qu'une surface approche de la perfection. Soumises à l'épreuve des différents procédés d'examen, de telles surfaces cessent de montrer aucun défaut perceptible. Les images qu'elles donnent prennent un bon aspect qui se conserve dans les plus forts grossissements; les contours deviennent vifs et se montrent distinctement accompagnés des franges pâles de la diffraction. De plus, si l'on en vient à l'application des diaphragmes, on reconnaît qu'aucune partie de l'objectif ne peut être masquée sans qu'il en résulte un affaiblissement comparable de l'effet optique.

Afin de donner une expression numérique du pouvoir optique, nous le considérons comme inversement proportionnel à l'angle limite sous lequel s'opère la séparation des plus proches détails distinctement visibles au foyer d'un instrument, et nous prenons pour objet d'épreuve une mire lointaine formée d'espaces contigus alternativement noirs et blancs qui, par leur distance entre eux et à l'instrument, se placent à la limite de visibilité. Le pouvoir optique se trouve alors exprimé par le quotient de la distance de la mire au centre optique de l'objectif divisé par l'écartement moyen des parties homologues.

A la suite d'un grand nombre de déterminations effectuées sur des miroirs et des objectifs réfracteurs de toutes dimensions et de toute longueur focale, il est reconnu que le pouvoir optique dépend uniquement du diamètre de la surface efficace, et par suite que ce pouvoir et ce diamètre sont dans un rapport constant qui caractérise la lumière blanche et exprime d'une manière générale la délicatesse de l'agent ou sa puissance virtuelle de séparation.

En prenant pour unité de longueur le millimètre auquel on rapporte habituellement l'ondulation lumineuse, on trouve pour cette constante moyenne de la lumière blanche un nombre sensiblement égal à 1.500; d'où l'on tire par une simple proportion la valeur du pouvoir optique maximum d'un objectif de dimension quelconque.

Nous insistons sur l'existence réelle d'un pouvoir limite ou absolu, afin de bien établir ce qu'on doit attendre d'un instrument d'une dimension donnée, et aussi pour détourner les artistes d'annoncer ou de chercher à obtenir des résultats impossibles.

ARGENTURE SUR VERRE, APPLICATION AUX MIROIRS DE TÉLESCOPE

On connaît aujourd'hui un certain nombre de procédés pour réduire l'argent à la surface du verre poli. Dans l'origine, ces procédés ont eu seulement pour objet de former une sorte d'étamage destiné, comme celui des glaces d'appartement, à briller d'un éclat spéculaire du côté appliqué contre le verre et visible à travers sa substance. On n'avait à s'inquiéter ni de l'égalité d'épaisseur de la couche déposée, ni de son adhérence plus ou moins intime, ni du degré de poli qu'elle conservait à son revers ; on ne redoutait pas de favoriser la réaction par une certaine élévation de température, mais on avait à tenir compte de la question d'économie.

Dans l'application aux usages de l'optique, les frais d'argenture sont à peu près insignifiants, et l'on a toute latitude pour satisfaire à des conditions qui prennent une importance majeure du moment où la couche métallique chimiquement déposée est appelée à réfléchir la lumière par sa surface extérieure, à former des images et à reproduire en toute exactitude la surface sous-jacente du verre. Le procédé Drayton, auquel l'industrie reproche d'employer, comme dissolvants, des alcools très purs, et comme agents réducteurs, des substances balsamiques et essentielles d'un prix élevé, est celui que nous avons employé à l'époque de nos premiers essais et qui, après trois années d'expérience, nous paraît encore mériter la préférence. Il agit à la température ordinaire, et la couche d'argent qu'il forme sur le verre est déjà miroitante au sortir du bain ; elle présente une épaisseur uniforme et se montre suffisamment adhérente pour supporter le frottement prolongé d'une peau rougie d'oxyde de fer; ainsi polie elle réfléchit environ 75 p. 100 de la lumière incidente.

Le procédé, tel qu'il nous a été communiqué par MM. Power et Robert, qui disposent actuellement du brevet Drayton, avait déjà subi des perfectionnements qui le rendaient d'une application plus facile et d'un emploi moins dispendieux. En n'hésitant pas à nous en faire part, en y joignant tous les renseignements qui pouvaient suppléer à notre expérience,

MM. Power et Robert ont singulièrement facilité nos recherches et se sont acquis tous les droits à notre reconnaissance et à nos remercîments.

Nous n'avons rien eu à changer au fond du procédé ; mais par la nécessité d'en faire une application nouvelle et très délicate, nous avons été conduit à régulariser des détails de manipulation, à changer quelque peu les proportions des éléments qui entrent dans la formule et surtout à étudier par excès ou par défaut l'influence empirique de chacun d'eux. C'était la seule marche à suivre pour arriver en toute circonstance à tirer le meilleur parti des produits variables que l'on trouve dans le commerce.

Il y a trois opérations à exécuter successivement sur un miroir de verre pour lui communiquer le vif éclat métallique de l'argent : la préparation ou le nettoyage préalable de la surface, la formation du dépôt d'argent et le polissage de cette même couche de métal.

La préparation de la surface de verre qui doit recevoir le dépôt d'argent exerce une grande influence sur la manière dont la réduction s'opère. La solution argentifère, qui possède la propriété spéciale de se réduire au contact des parois solides et polies, agit d'autant plus vite et forme un dépôt d'autant plus adhérent et homogène, que cette paroi est plus pure de corps étrangers à sa propre substance. Mais pour qu'une surface de verre présente ce degré de pureté chimique, il ne suffit pas qu'elle apparaisse à l'œil parfaitement nette et brillante, il faut qu'en la nettoyant on ait recouru à des précautions d'une efficacité assez éprouvée pour n'exiger d'autre vérification que celle de l'argenture même.

Que la surface ait déjà été argentée ou non, on commence par la mouiller de quelques gouttes d'acide nitrique pur que l'on étend rapidement au moyen d'un tampon de coton, puis on lave cette surface à l'eau et on l'essuie avec un linge sec. En cet état la surface ne retient plus que ce qui provient de l'eau elle-même et du linge dont on s'est servi pour l'essuyer. Pour arriver sinon à la purifier d'une manière complète, du moins à lui communiquer un état uniforme, on la saupoudre de blanc d'Espagne, on ajoute assez d'eau distillée pour former une pâte qu'on étend au moyen d'un tampon de coton. La pièce est laissée à plat pendant le temps nécessaire à l'évaporation de l'eau ; les principes solubles se fixent alors dans le blanc qui recouvre la pièce et leur sert d'excipient. Il faut qu'à son tour ce blanc disparaisse. On prend du coton dans la carde, on évite de le serrer, et par un frottement léger on attaque la couche de blanc qui se détache et laisse la surface encore recouverte d'un voile uniforme. C'est ce voile qui, une fois enlevé, laissera le verre dans l'état le plus propice à recevoir l'argenture. On forme donc un nouveau tampon par superposition de couches régulières empruntées à la carde, on en frotte légèrement tous les points de la surface en prenant soin d'écarter la couche superficielle de coton à mesure qu'elle se charge de blanc. Par ce moyen, le voile qui régnait sur le verre se dissipe peu à peu sans solution de continuité, sans ligne de démarcation appréciable. On sent alors que le tampon glisse sur une surface nette ; c'est le moment de prendre un tampon plus ferme pour agir énergiquement sur le verre en insistant particulièrement près des bords. Au bout d'un certain temps, quand on suppose que la surface n'a plus rien à gagner, on chasse avec le coton les poussières qui tendent à s'attacher au verre électrisé par le frottement, et l'on pose la pièce sur champ en attendant qu'on l'immerge dans le bain d'argenture. Mais avant de décrire cette manipulation, il convient de donner la formule à suivre pour préparer la solution.

La composition du bain d'argent est assez complexe : il y entre comme matières premières de l'eau, de l'alcool, du nitrate d'argent, du nitrate d'ammoniaque, de l'ammoniaque, de la gomme galbanum et de l'essence de girofles. Avant d'entrer dans le bain définitif, ces éléments s'unissent dans des solutions provisoires dont nous allons donner la composition.

(1) *Ammoniaque étendue.* On part de l'ammoniaque pure du commerce et on l'étend d'eau distillée jusqu'à ce que la solution marque 13° à l'aréomètre de Cartier.

(2) *Nitrate ammoniacal d'ammoniaque.* Dans 200 grammes d'eau, on dissout 100 grammes de nitrate d'ammoniaque sec et on ajoute 100 centimètres cubes de la précédente solution d'ammoniaque étendue ; on a ainsi une solution composée

comme il suit :

Nitrate d'ammoniaque sec	100	grammes.
Eau distillée.	200	—
Ammoniaque à 13° (Cartier) . . .	100	cent. cubes.

(3) *Teinture de galbanum.* On trouve dans le commerce, sous le nom de gomme galbanum, une gomme-résine un peu molle, blonde et douée d'une forte odeur vireuse ; on rejette celle qui est friable, compacte et sans odeur, ou verdâtre et mêlée d'une sorte de chapelure inerte. On prend environ 20 grammes de la substance pour 80 centimètres cubes d'alcool rectifié à 36°, on malaxe le tout dans un mortier de porcelaine chauffé à 40 ou 50°, et l'on obtient une solution de la partie résineuse troublée par une gomme insoluble. On décante dans un flacon et on laisse reposer. On filtre la partie liquide, on épuise le dépôt opaque et par addition d'alcool on ramène cette solution à marquer 29° à l'aréomètre de Cartier.

(4) *Teinture de girofles.* C'est une solution qui résulte du mélange de l'alcool et de l'essence dans les proportions suivantes :

Essence de girofles.	25	cent. cubes.
Alcool à 36° (Cartier)	75	—

De tous les produits déjà énumérés on forme ensuite un mélange ainsi composé :

Nitrate d'argent fondu	50	grammes.
Eau distillée.	100	cent. cubes.
Nitrate ammoniacal d'ammoniaque (2).	7	—
Ammoniaque étendue (1)	24	—
Alcool rectifié à 36° (Cartier) . . .	450	—
Teinture de galbanum (3).	110	—

On fait d'abord dissoudre le nitrate d'argent dans l'eau, puis on ajoute le nitrate d'ammoniaque, qui a pour effet d'empêcher la solution de précipiter par l'addition de l'ammoniaque libre. L'alcool vient à son tour, et en dernier la teinture de galbanum. En d'autres termes, les produits doivent être incorporés les uns aux autres, suivant l'ordre même où ils figurent dans la formule.

La solution qui en résulte brunit promptement et forme un précipité qui se dépose en quelques jours. On décante la partie claire et on la porte dans l'obscurité, où on la conserve pour l'usage sous la désignation de *solution normale*. Cette solution, inactive par elle-même, est cependant très disposée à se réduire au contact du verre du moment où l'on y ajoute 3 p. 100 de teinture de girofles (4).

Cependant le dépôt qui se forme rapidement à 15 ou 20° C, malgré le bon aspect qu'il présente, ne possède pas toute la consistance nécessaire pour résister à un polissage ultérieur. L'addition de 4 à 5 p. 100 d'eau pure, qui ralentit la réaction, communique en même temps au dépôt d'argent une plus grande solidité. Si l'on ajoutait trop d'eau, la solution deviendrait de plus en plus tardive, et la couche d'argent à peine formée s'arrêterait dans son développement à un degré de minceur où elle ne posséderait pas encore son entier coefficient de réflexion. C'est donc à l'observation et à l'expérience à décider précisément de la quantité d'eau qu'il convient d'ajouter à la solution normale pour en obtenir le meilleur dépôt.

Il en est de même de l'ammoniaque qui, entrant dans le mélange en très petite quantité, n'est presque jamais dosée du premier coup d'une manière assez précise. Par insuffisance d'ammoniaque, la solution peut rester tardive, et alors il y a à distinguer si ce défaut provient d'un excès d'eau ou du manque d'alcali. Quand c'est l'ammoniaque qui manque, le dépôt d'argent retiré du bain présente une couleur violette très prononcée et semble recouvert d'un voile blanchâtre. Si au contraire l'alcali était en excès, la solution sous l'influence du girofle se réduirait en masse et au détriment de l'action élective des parois, et le dépôt sortant du bain serait terni et recouvert d'une couche pulvérulente d'un gris foncé. La juste proportion d'ammoniaque est celle qui communique au dépôt une riche couleur d'or tirant sur le rose, avec formation d'un léger voile gris cendré. Mais tandis que l'addition de l'eau s'effectue par centièmes, les tâtonnements qui concernent l'ammoniaque pure et concentrée ne doivent porter que sur les millièmes. Si par une erreur on avait ajouté de l'ammoniaque en excès, la solution ne serait pas perdue pour cela, car il serait facile de la réparer par l'acide nitrique :

il n'en résulterait qu'une légère augmentation dans la dose du nitrate d'ammoniaque qui n'exerce pas sur le dépôt d'influence nuisible. En somme, c'est par l'eau et l'ammoniaque qu'on met pour ainsi dire les solutions au point. Pour éviter les pertes de temps, on fera bien de préparer à l'avance de grandes quantités de solution normale, de les réunir dans un seul flacon, de les traiter en masse pour les amener au point, et de les conserver hermétiquement bouchées sous la dénomination de *solution éprouvée*.

On ne doit tenter d'argenter une pièce importante que lorsqu'on a une solution déjà ancienne et éprouvée d'avance. L'opération s'exécute pour les grandes pièces dans des bassines en cuivre argentées intérieurement par la galvanoplastie, et qui ne s'attaquent pas au contact du nitrate d'argent. Il faut qu'elles soient de grandeur appropriée à celle de la pièce et que le diamètre du fond dépasse de $0^m,03$ à $0^m,05$ celui de la surface à argenter. Pour les miroirs de petites dimensions, on peut se contenter des porcelaines plates que l'on trouve dans le commerce.

Il est indispensable de terminer le revers des miroirs par une surface polie, et de laisser cette surface libre de tout obstacle qui, gênant l'accès de la lumière, empêcherait de surveiller les progrès de l'argenture ; aussi, dès qu'un miroir est assez grand pour qu'on ne puisse plus le manier avec sécurité en le saisissant uniquement par les bords, devient il nécessaire de creuser sur la tranche une gorge où s'insèrent deux anses de cordes solidement fixées par plusieurs tours de ficelle. Il faut encore préparer trois fiches en bois, ou mieux en baleine, effilées en biseau, que l'on glisse sous le bord du miroir aussitôt après son immersion dans le bain pour l'isoler du fond du vase et ménager un espace à la circulation du liquide. Enfin, quand on opère sur des pièces d'un poids considérable, on fait reposer la bassine sur une planche garnie de courbes qui en forment une sorte de berçoir. Dans tous les cas, l'opération doit se faire au grand jour et dans un local porté à une température de 15 à 20°, car la lumière et la chaleur exercent une influence indispensable sur la réduction de l'argent.

Lors même que la surface à argenter aurait subi un nettoyage irréprochable, si l'immersion dans le bain n'était pas faite avec toutes les précautions requises, il pourrait encore survenir dans l'argenture diverses espèces de taches, des inégalités ou des temps d'arrêt. La bassine étant nettoyée au blanc d'Espagne, on prépare, pour y verser la solution, un grand cornet de papier collé que l'on engage dans un entonnoir comme un papier à filtrer et dont on coupe la pointe pour ménager un orifice d'écoulement de $0^m,002$ à $0^m,003$ de diamètre. Cet orifice est maintenu à $0^m,03$ ou $0^m,04$ au-dessus du fond de la bassine. Au moment même d'opérer, on mélange, en les agitant dans un même vase, la solution éprouvée et les 3 p. 100 de teinture de girofles qui déterminent la réaction ; on en verse aussitôt dans la bassine une petite quantité que l'on se hâte d'étaler avec un tampon de coton, puis aussitôt on verse dans le cornet le reste qui s'écoule par l'orifice en renouvelant sa surface et ne rencontre en se répandant que des parois déjà mouillées. On saisit alors le miroir par les anses, on le présente obliquement pour le faire reposer d'abord sur l'angle de la surface principale et on l'abaisse d'un mouvement uniforme qui détermine l'envahissement progressif de la nappe liquide; on glisse pour l'isoler du fond les fiches en trois points équidistants et l'on pose la bassine sur le berçoir en l'exposant librement au grand jour. A partir de ce moment, on n'a plus qu'à agiter doucement le liquide en inclinant l'appareil d'un côté et de l'autre et en faisant tourner de temps en temps la bassine sur elle-même.

Dans les premiers instants, avant que la réaction commence, la surface immergée dans un liquide moins réfringent que le verre donne des objets extérieurs une image perceptible à travers l'épaisseur du disque; mais bientôt, sous l'influence du premier dépôt, cette image s'affaiblit, prend une teinte brunâtre, s'éteint presque complètement, puis soudain reparaît avec un éclat métallique où l'on juge que la réflexion a changé de nature. La durée du temps qui s'écoule entre l'immersion du miroir et la réapparition de l'image réfléchie est importante à noter, parce qu'elle sert de guide pour la durée totale de la réaction, qui généralement n'exige qu'un temps cinq à six fois plus long pour engendrer l'argenture complète. Dans les conditions moyennes de température et de lumière, la réapparition de l'image a lieu cinq minutes après l'immersion, et, par un séjour dans le bain qui se prolonge vingt à vingt-cinq minutes de plus, la couche d'argent acquiert toute l'épaisseur convenable.

Dès qu'on juge le dépôt suffisamment épaissi, on doit retirer le miroir, le laisser égoutter jusqu'à ce que le liquide menace de sécher et le déposer dans une seconde bassine contenant de l'alcool ordinaire étendu par l'eau au point de marquer 67° à l'alcoomètre de Gay-Lussac ou 25° à l'aréomètre de Cartier. On l'agite jusqu'à ce que les égouttures ne soient plus colorées et on le transporte dans une troisième bassine contenant de l'eau ordinaire filtrée. Une certaine agitation communiquée sans faire émerger la surface peut hâter la dissolution de l'alcool dans l'eau ; mais il est toujours prudent de prolonger ce lavage au delà des six à huit minutes strictement nécessaires.

Le miroir est enfin porté dans l'eau distillée et de là posé sur sa tranche en contact avec un linge dans une position presque verticale, où on le laisse sécher. Quand l'opération a été bien conduite, on voit la nappe d'eau se retirer peu à peu et laisser à découvert une surface d'un jaune d'or tirant sur le rose et recouverte d'un léger voile gris cendré. Examinée par transparence, cette couche d'argent ne laisse apercevoir que les objets vivement éclairés et les colore fortement en bleu.

Il s'agit maintenant d'enlever ce léger voile qui colore l'argent et diminue son éclat. L'expérience a appris qu'il faut commencer par frotter cette surface avec une peau de chamois disposée en un tampon mollement rembourré de coton cardé. On doit se garder d'étendre sur cette peau aucune poudre à polir, attendu que le frottement de ce premier tampon a principalement pour effet de fouler le dépôt d'argent, d'écraser le velouté inhérent à sa structure et de lui communiquer une solidité qui lui permette de supporter le polissage complet.

Un singulier phénomène qui ne manque jamais de se produire semble démontrer qu'en effet, sous la douce pression exercée par cette peau, la couche d'argent se modifie dans sa constitution. La transparence dont elle jouit à un faible degré en sortant du bain diminue notablement par le frottement; le bleu transmis devient plus foncé comme si de très petits interstices capables de transmettre de la lumière blanche venaient à s'oblitérer par suite de l'écrasement des parties saillantes. Toujours est-il qu'une fois polie la couche d'argent, qui a plutôt perdu que gagné, transmet évidemment moins de lumière qu'auparavant. Quand le tampon de peau nue a produit son effet, on en prend un second disposé de même sorte, mais imprégné de rouge d'Angleterre fin et lavé avec le plus grand soin. On le promène légèrement en rond sur toutes les parties de la surface en insistant particulièrement sur les bords, qui ont toujours une tendance à rester en retard. Peu à peu l'argent recouvre sa blancheur et contracte un poli qui reproduit celui de la surface sur laquelle il repose. C'est le poli du verre dans sa perfection, rehaussé par l'intensité de l'éclat métallique. Pendant une heure ou deux, suivant l'étendue de la surface à polir, l'éclat spéculaire va toujours croissant. Mais enfin, dès que le miroitage des objets ombrés donne un reflet d'un beau noir, on doit s'abstenir de prolonger un traitement qui finirait par altérer la texture de la mince couche d'argent.

Telle est, dans tous ses détails, la marche que nous avons suivie pour argenter régulièrement les miroirs de verre sans que la surface en éprouve le moindre changement perceptible aux différents procédés d'examen.

Nous ne prétendons pas que tant de précautions soient rigoureusement indispensables à la réussite d'une argenture suffisante pour l'usage ; mais ayant maintes fois observé que rarement on se résigne à accepter les moindres défauts qui viennent troubler l'uniformité d'une belle surface, nous avons compris que nous serions tenu d indiquer, quels qu'ils soient, les moyens d'obtenir des miroirs sans taches.

DÉTAILS DE CONSTRUCTION SUR LES TÉLESCOPES DE GRANDE DIMENSION; DISPOSITION DES OCULAIRES; CHANGEMENTS DE GROSSISSEMENT; MONTAGE DU MIROIR. — NOUVEAU PIED PARALLACTIQUE EN CHARPENTE

En sortant des mains de Newton, le télescope a été bien des fois remanié par les savants et les artistes. Dans cet instrument, l'image formée au foyer du miroir ne se présente pas aussi naturellement à l'observation que celle qui résulte du concours de rayons réfractés; les dispositions qu'on a imaginées pour la rendre accessible reposent sur des artifices qui prêtent matière à discussion. Newton a pris dès l'origine le parti le plus sage, qui consiste à rejeter l'image sur le côté et à l'observer au moyen d'un oculaire monté sur la paroi du tube et dirigé perpendiculairement sur l'axe. Le cône des rayons convergents était réfléchi par un miroir plan incliné à 45° qui était nécessairement placé en deçà du foyer, à une distance au moins égale au rayon du tube.

En vue d'éviter la perte d'intensité causée par une seconde réflexion métallique, on a tenté de remplacer le miroir oblique par un prisme à réflexion totale qui agit sur le faisceau sans lui faire subir d'autre perte que celle qui provient de l'absorption et des réflexions partielles aux deux surfaces normales. Mais dans les grands instruments le prisme tend à prendre des proportions telles, qu'il devient presque irréalisable. Dans les instruments à court foyer, tels que ceux que nous avions en vue, ce prisme devait prendre des dimensions plus grandes encore et menaçait, par ses imperfections propres, d'exercer sur les images la plus fâcheuse influence.

Nous avons pris le parti de briser près du sommet le cône des rayons par un prisme de petites dimensions qui laisse l'image à l'intérieur du tube pour aller ensuite chercher cette image au moyen d'un oculaire composé. Quelles que soient les préventions des observateurs contre l'oculaire à quatre verres, on ne peut méconnaître les nombreux avantages que présente cette disposition. Elle résout toute difficulté, car, au moyen d'un prisme réduit aux dimensions seulement suffisantes pour ne pas restreindre l'étendue du champ, elle réalise le bénéfice de la réflexion totale; de plus, comme ce prisme vient se placer à petite distance du foyer, il est hors d'état de compromettre l'image, lors même qu'il laisserait à désirer relativement à la qualité de la matière, à l'exécution des surfaces et à la précision des angles. Enfin, ce qui ne nuit en rien, l'image vue dans l'oculaire à quatre verres se trouve redressée.

Cependant, comme l'oculaire composé a été conçu et organisé à l'occasion des lunettes, il arrive qu'en l'associant tel quel à des miroirs paraboliques à court foyer on fait reparaître une certaine aberration de sphéricité ; c'est-à-dire que dans cet oculaire où se trouvent deux verres qui jouent réellement le rôle d'objectif, on recommence à éprouver les imperfections des courbures sphériques. A cet inconvénient, le remède est bien simple : il consiste à opérer une dernière retouche qui, en sacrifiant l'image du miroir, aura pour effet de reporter la netteté sur l'image résultante du système optique composé du miroir et de la partie objective de l'oculaire. Par ce moyen, le miroir et le système des verres amplificateurs de l'image sont invariablement associés l'un à l'autre, et pour varier le grossissement on se borne à changer le système des deux autres verres, qui est tout conforme à l'oculaire astronomique ordinaire. Nous n'en sommes donc plus à construire des miroirs exactement paraboliques, et nous croyons mieux faire en les terminant par une surface expérimentale qui possède expressément la propriété d'agir de concert avec le système des verres amplificateurs de l'oculaire, pour assurer la perfection de l'image résultante[1].

Les considérations que nous avons développées en parlant de la formation des images nous ont servi à évaluer le degré de précision que réclame l'exécution des retouches locales ; ces mêmes considérations déterminent la limite où les déformations accidentelles du miroir commenceraient à nuire à la qualité des images. Si l'on veut que les images conservent leur netteté, il est indispensable que dans toutes les positions imprimées au miroir les divers éléments de la surface restent solidaires entre eux à la précision d'un dix-millième de millimètre, car tout déplacement relatif qui excéderait cette minime quantité mettrait certains rayons en discordance avec les autres et les jetterait en dehors du groupe efficace. On comprend dès lors l'extrême importance des précautions à prendre pour détourner du miroir les forces qui tendraient à en altérer la figure.

Lorsque le miroir est placé au fond du tube et que l'instrument est obliquement dirigé vers un point quelconque du ciel, la pesanteur agit suivant deux composantes rectangulaires, l'une qui tend à comprimer le miroir dans la direction du diamètre compris dans un plan vertical, l'autre qui le presse contre les parties résistantes sur lesquelles il

1. Voir *C. R. de l'Ac. des Sc.*, t. XLIX, p. 85.

repose par son revers. Ces deux composantes, qui varient en sens contraires avec la direction de l'instrument, demandent à être combattues isolément[1]. A celle qui comprime le miroir sur sa tranche, on ne peut opposer que la rigidité de la matière qui, sous un poids donné, prend une valeur maximum lorsqu'on termine le revers du miroir par une surface suffisamment convexe. Nous avons trouvé avantageux de faire tailler la face postérieure du miroir sur une courbe telle que l'épaisseur aille en doublant du bord vers le centre où elle atteint au moins le dixième du diamètre. Ce n'est là, du reste, qu'un palliatif qui n'obvie pas radicalement à la déformation, mais en réalité cette composante diamétrale de la pesanteur n'est que peu redoutable et parce qu'elle diminue à mesure que l'instrument s'élève vers le zénith, et parce que l'aplatissement qui pourrait en résulter dans la totalité des faisceaux convergents se corrigerait aisément par l'emploi d'une lentille cylindrique.

L'autre composante, dont l'intensité varie en sens inverse de la première, exerce sur l'image une influence beaucoup plus fâcheuse. A mesure que l'instrument se dresse, les parties solides sur lesquelles le miroir s'appuie font saillir les parties correspondantes de la surface et déterminent des ondulations qui s'accusent au foyer par de longues traînées de lumière. Il faut supprimer ces pressions locales et les répartir uniformément sur toute l'étendue du revers du miroir. Solidairement avec la monture de ce miroir on fixe un plancher en bois et l'on ménage entre deux un espace où l'on glisse un sac circulaire en caoutchouc qui, une fois gonflé, s'applique sur le verre. Le tube étroit qui conduit l'air dans ce coussin circule le long du corps de l'instrument, se prolonge jusqu'à l'oculaire et se termine par un robinet. En soufflant avec la bouche, l'observateur peut ainsi, sans perdre l'image de vue, régler à son gré la pression et l'amener précisément au degré suffisant pour que le miroir flotte dans sa monture sans la presser ni par l'une ni par l'autre surface. Il est clair que dans ces conditions le miroir échappe à la pesanteur quant aux effets de la composante qui s'exerce totalement sur le coussin pneumatique. Le jeu régulier de

1. Voir *C. R. de l'Ac. des Sc.*, t. XLIX, p. 85 ; et *Cosmos*, XIII, p. 328.

l'appareil n'exige nullement que le miroir ait du ballottement dans sa monture, et l'addition du coussin n'augmente pas cette instabilité de l'axe optique qu'on a jusqu'à présent reproché au télescope. Rien n'empêche d'assujettir le miroir dans son barillet en le saisissant près des bords en trois points équidistants. Le coussin, qui ne peut plus se déplacer en masse, n'en continue pas moins, suivant la pression, à modifier la surface et à réagir distinctement sur la netteté de l'image. Le cadre qui porte l'ensemble du miroir, du barillet et du coussin pneumatique se rattache au corps du télescope par des vis calantes et butantes qui servent à régler l'axe optique par rapport au prisme et à le maintenir dans une position définie.

Le corps des nouveaux télescopes est en bois ; il a la forme d'un tube octogonal. Des diaphragmes largement ouverts et fixés intérieurement de distance en distance communiquent au système une rigidité dont on tire partie dans la manière de le monter parallactiquement. Au tiers de sa longueur comptée à partir du miroir, on a fixé (fig. 19) deux tourillons montés perpendiculairement sur la direction de l'axe de figure. D'un autre côté, on a construit une table tournante à deux colonnes roulant par des galets sur un plateau orienté parallèlement à l'équateur et maintenu dans cette position par un bâti en charpente. Les deux colonnes de la table tournante sont armées de coussinets pour recevoir les tourillons du corps de l'instrument ; de plus elles gardent l'écartement voulu et la hauteur suffisante pour le laisser passer librement. Le télescope étant donc posé à sa place se trouve suspendu parallactiquement, car son double mouvement s'exécute en déclinaison autour des tourillons et en ascension droite autour de l'axe de la table tournante. L'observation prolongée d'un astre exige que l'instrument soit arrêté en déclinaison ; c'est pourquoi on fixe sur le plateau tournant une sorte de bras dont l'extrémité se rattache en quelque point du corps du télescope par une barre à coulisse et à serrage qui figure un côté variable dans un triangle et détermine l'ouverture de l'angle opposé.

Un disque métallique divisé à sa circonférence et monté sur l'axe des tourillons fait l'office de cercle de déclinaison, et des divisions tracées sur le contour du plateau équatorial figurent les parties d'un cercle horaire ; mais les positions qu'elles indiquent ne comportent pas plus de précision que n'en exige la recherche d'un astre qu'on veut mettre dans le champ.

Ce système de pied ne constitue, à vrai dire, qu'un support disposé parallactiquement pour la commodité des observations, les mouvements en sont doux et rien n'empêchera d'y ajouter au besoin un rouage moteur.

On construit en ce moment une semblable monture pour le télescope de $0^{m},42$ établi depuis plusieurs mois à l'Observatoire impérial. Le miroir a été fondu à Saint-Gobain, puis dégrossi et débordé dans l'usine Sautter et Cie, spécialement consacrée à la construction des phares lenticulaires. Depuis lors M. Sautter a préparé pour l'avenir de bien plus grands disques, et nous avons reçu de lui l'assurance d'une coopération qui ne reculerait que devant une impossibilité matérielle ; soulagée d'une préparation qui exigeait un outillage spécial, la maison Secretan a fait tout le reste, sauf les dernières retouches dont elle n'aurait pas accepté la responsabilité. Par les soins de M. Eichens, qui a la direction des ateliers, la partie mécanique se perfectionne et s'achève, en sorte qu'avant peu nous serons en possession de l'appareil complet.

Nous voici parvenu au terme de cette série de détails qu'il fallait tous indiquer sous peine de laisser à d'autres le soin de rechercher ce que la pratique nous avait enseigné. Nous les avons donnés à titre de renseignements pour ceux qui souhaiteraient de reproduire les effets que nous avons obtenus. Parmi ces détails d'exécution, il en est un grand nombre que nous avons recueillis dans les ateliers de M. Secretan, et nous nous plaisons à reconnaître que ces rapports de chaque jour avec des ouvriers habiles, des contremaîtres intelligents et un chef d'établissement doué d'un esprit éclairé nous ont considérablement abrégé notre tâche.

Cette tâche, en quoi consistait-elle ? Nous nous étions proposé, ou plutôt nous avions reçu du directeur de l'Observatoire la mission de préparer les voies pour la taille des objectifs de grand diamètre. Fallait-il se contenter d'appliquer empiriquement en grand les méthodes dont on s'est contenté jusqu'ici pour le travail des verres ? Quels résultats pouvait-on se flatter d'obtenir en compensation de l'accroissement des dépenses? A quoi jugerait-on d'avoir réussi? Savait-on seulement si dans l'état actuel nos meilleurs instruments laissent carrière à d'importants progrès? N'y aurait-il pas en optique comme en mécanique un maximum d'effet utile qui viendrait tôt ou tard limiter nos efforts? Toutes ces questions étaient implicitement comprises dans la mission que nous avions reçue du directeur.

En cherchant à les résoudre, il y avait danger, nous le voyons aujourd'hui, de s'engager dans une voie qui vraisemblablement était sans issue. Heureusement nous avons pris le chemin détourné et, délaissant provisoirement la réfraction, nous avons emprunté à la réflexion les moyens d'agir plus simplement sur la lumière et d'en former correctement ce point focal où se révèle toute la théorie physique des images. Comme nous n'avions affaire qu'à une seule surface, comme, par le fait même de la réflexion, la ligne d'expérience repliée sur elle-même se contenait à l'intérieur d'un emplacement fermé et ramenait le point et l'image à proximité l'un de l'autre, nous avons pu, sans nous écarter de la figure sphérique, nous familiariser avec les moyens d'agir sur les surfaces de verre, de les observer et de les modifier à la demande des phémonènes optiques. Appliquant ensuite les mêmes procédés au cas où le point et l'image s'éloignent progressivement l'un de l'autre, nous avons vu se réaliser naturellement les surfaces qui procèdent des sections coniques et qui étaient désignées depuis si longtemps comme spécialement propres aux usages de l'optique; et maintenant que l'expérience est acquise, nous n'hésiterions pas à faire sur les objectifs achromatiques l'application d'une méthode qui n'a rien à redouter de la complication analytique des surfaces. Cependant les miroirs de verre qui n'étaient qu'accessoires ont emprunté à l'argenture un éclat métallique si remarquable que maintenant ils rivalisent avec les objectifs de même dimension.

Sans perdre de vue l'objet principal de ce travail, qui était de fournir des résultats pratiques, nous avons été conduit, chemin faisant, à reconnaître l'insuffisance des considérations purement géométriques sur lesquelles on se fondait pour établir la théorie des instruments d'optique. Tous les faits observés condamnent un système dans lequel on ne tient aucun compte du caractère périodique de l'agent lumineux, où par suite on néglige l'élément principal qui intervient dans le mécanisme de la formation des images; ils démontrent, au contraire, qu'au foyer des surfaces appropriées par leur degré de précision à la constitution intime de la lumière les rayons obéissent au principe fondamental des interférences. Ainsi se justifie dans ses dernières conséquences une doctrine que l'esprit humain s'est donnée pour guide, et qui paraît devoir embrasser l'universalité des phénomènes de l'optique physique.

Sur la construction du plan optique. [1]

Depuis longtemps j'ai eu la pensée que la méthode des retouches locales, qui m'a servi à donner aux miroirs en verre la figure parabolique, conviendrait également pour engendrer ou perfectionner la surface d'un miroir rigoureusement plan. Ayant eu le loisir de faire l'expérience, j'ai obtenu une réussite qui me permet de présenter la méthode comme étant d'une application facile et assurée.

Le miroir dont il s'agit a $0^{m},35$ de diamètre, et, sous quelque incidence qu'il se présente aux rayons qui tombent à sa surface, le faisceau réfléchi observé dans les lunettes ne présente aucune différence avec le faisceau direct.

Pour arriver à ce résultat, on ne s'est servi ni du sphéromètre, ni des bassins multiples ordinairement employés pour engendrer la surface du plan.

Le disque de verre, après avoir été fondu à Saint-Gobain et dégrossi dans les ateliers de M. Sautter, a été attaqué à la main au moyen d'un disque plus petit que l'on faisait mouvoir à sa surface avec interposition d'émeris de plus en plus fins détrempés dans l'eau.

On a ainsi engendré une surface doucie, qui, sous une incidence oblique, réfléchissait spéculairement la lumière émanée d'un point de mire placé à la distance de 3 ou 4 mètres.

Le faisceau, réfléchi et observé dans une petite lunette, donnait au foyer une image qui, par sa déformation, indi-

1. *Œuvres de Foucault*, p. 287.

quait l'état de la surface, et suivant que cette surface était reconnue convexe ou concave, on insistait en la travaillant de nouveau sur le centre ou sur les bords.

Quand l'image réfléchie s'est montrée aussi nette que l'image directe, on s'est occupé de donner le poli à cette surface doucie. Pour cela on a préparé un polissoir en verre de $0^{m},12$ à $0^{m},15$ de diamètre et légèrement convexe. On l'a recouvert d'un papier collé à l'empois, et, après l'avoir enduit d'oxyde de fer, on s'en est servi pour exercer, sur la surface à polir, un frottement également et méthodiquement distribué sur toute son étendue. Ce travail a duré trois jours, et, au bout de ce temps, le miroir s'est trouvé poli sans que la rectitude du plan ait été altérée. On avait pour garantie l'observation de la mire réfléchie sous l'incidence rasante, et l'on dirigeait le travail de manière à combattre la moindre tendance à la déformation dans un sens ou dans l'autre.

Il est donc établi que l'on peut construire le plan optique par simple retouche locale et sans recourir à l'ancienne et laborieuse méthode, qui consistait à réunir deux à deux une série impaire de bassins jusqu'à superposition exacte de l'un quelconque avec tous les autres.

Il n'est pas nécessaire d'insister sur l'importance d'un pareil résultat. Le miroir plan est pour l'optique expérimentale un ciel artificiel sur lequel on peut éprouver les grands instruments astronomiques, lunettes ou télescopes, en les amenant à se collimer par eux-mêmes.

Sur la construction du plan optique [1].

En rédigeant la Note qui précède, L. Foucault ne voulait que s'assurer la priorité de la méthode qu'il employait, dans le cas où un travail analogue serait venu à se produire. Aussi n'a-t-il donné qu'un résumé très succinct de cette méthode sans s'occuper en aucune manière de l'interprétation des apparences que présente l'image de la source lumineuse observée par réflexion oblique à l'aide de la lunette lorsque la

1. Note présentée à l'Académie des Sciences, le 29 novembre 1869, par M. Ad. Martin, qui avait aidé Foucault dans la mise en pratique des méthodes de retouches locales. Voir *C. R. de l'Ac. des Sc.*, t. LXIX.

surface (qui est de révolution par la manière même dont elle est engendrée) est convexe ou concave, au lieu d'être plane.

C'est par cette étude que nous commencerons, avant de donner les quelques perfectionnements qui ont été apportés à la méthode ci-dessus décrite; mais nous rappellerons d'abord, en quelques mots, les données qui ont permis à Foucault de résoudre le problème.

Lorsqu'on veut étudier la formation des images par réflexion ou par réfraction, on est amené, pour simplifier le problème, à ne considérer que le cas où des rayons émanant d'un point rencontrent les surfaces réfléchissantes ou réfringentes suivant une direction presque normale, c'est-à-dire sous un angle d'incidence tel que le cube de son sinus puisse être négligé par rapport aux autres quantités qui entrent dans le calcul. La théorie peut alors donner des résultats parfaitement nets et que vérifie l'expérience.

Mais, quand la condition précédente n'est pas remplie, les rayons ne convergent pas tous vers un même foyer, ils se coupent en des points successifs, dont le lieu, connu sous le nom de *surfaces caustiques*, a fourni aux mathématiciens le sujet de travaux nombreux et généralement remarquables par leur élégance, mais qui étaient restés à peu près sans autre application que de montrer la valeur des observations dues à l'emploi de surfaces trop étendues pour la production d'images nettes.

Entre les mains de L. Foucault la question s'est complètement modifiée. Il a compris qu'il fallait d'abord se rendre compte, expérimentalement, de la nature de la caustique engendrée par l'action des surfaces qui ont mission de produire les images, et modifier ensuite ces surfaces de manière à réduire ces caustiques à un point unique, autant que cela est possible.

Il substituait à la combinaison des surfaces idéales, que doit admettre le calcul et qui ne sont jamais réalisées, celle des surfaces réelles qu'a pu donner le travail de l'artiste, et il a ouvert ainsi une voie toute nouvelle à la construction d'instruments d'optique parfaits.

Dans son Mémoire sur la construction des télescopes en verre argenté, il a indiqué comment, après avoir réalisé une petite source lumineuse d'une étendue comparable à un point, il a pu, à l'aide du microscope, analyser les diverses sections des caustiques produites par la réflexion sur une surface donnée; puis, par un second procédé, comparer les images d'un même objet formées par les diverses parties de la surface réfléchissante; et enfin, comment, par l'interposition du bord d'un écran devant une partie du faisceau, il retrouvait, dans l'apparence qu'il a nommée *solide différentiel*, les points de la surface auxquels appartenaient les points masqués de la caustique.

Dans son Mémoire, L. Foucault traitait une question spéciale, et il ne s'est pas appesanti sur l'extension que l'on peut donner à ses méthodes; et même, dans les applications qu'il en a pu faire ultérieurement à l'étude de l'homogénéité des milieux, aux objectifs de lunettes et au miroir plan, il ne se servait de la connaissance du solide différentiel que pour le guider dans la correction à faire subir aux surfaces optiques, laissant ainsi de côté ce qui, dans la question, se présentait avec un caractère plus particulièrement mathématique. Il est nécessaire, en faisant connaître la Note laissée par lui sur la construction du miroir plan, et pour rendre sa publication profitable à la science, de procéder d'une manière analogue à celle qui lui a permis d'établir le principe même de ses méthodes.

Nous allons chercher quelles sont les caustiques que forment les rayons émanant d'un point S lorsqu'ils se réfléchissent obliquement sur une portion limitée de sphère AB, et nous étudierons les apparences optiques que présente leur observation.

Pour cela, nous partagerons ces rayons en deux groupes :

1° Ceux qui appartiennent à un même plan méridien, tel que celui de la figure 26, sont réfléchis dans ce même plan et forment la caustique MF.

2° Ceux qui subissent la réflexion sur un même parallèle, par exemple sur celui de AA′, dont A est la trace, se coupent tous en D; ceux qui la subissent en BB′ se coupent en E, et ainsi de suite : la caustique des rayons réfléchis sur la série des parallèles se confond ainsi avec l'axe CF.

Dès lors, dans le plan de la figure, les portions de la caustique sont *ab* et DE, et les deux surfaces caustiques qui conviennent à la surface AB (que, pour plus de simplicité, nous supposerons limitée aux deux parallèles AA′, BB′ (figure 27) passant par A et B d'une part, et de l'autre à deux méridiens AB, A′B′, peu inclinés sur celui de la figure) seront donc d'abord la surface en forme de trapèze terminée, en *a* et *b*, aux petits cercles de la surface caustique passant par

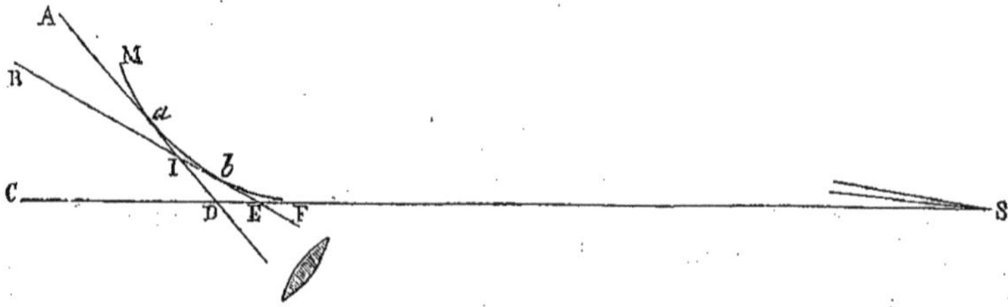

Fig. 26.

ces points, et, d'ailleurs, aux plans des méridiens qui limitent également la surface AB.

La seconde surface caustique se confond avec la portion d'axe DE.

Il résulte de ce qui précède, que si l'on fait mouvoir un microscope faible dans la direction du rayon central du faisceau, en avançant vers le miroir, on verra d'abord la ligne lumineuse DE, qui, appartenant à l'axe, est contenue dans le plan de réflexion, c'est-à-dire dans celui qui contient à la fois le point lumineux, le centre de la sphère et le milieu de la surface; puis en se rapprochant du miroir, la surface de la caustique *ab* se projettera à peu près suivant un petit cercle perpendiculaire au plan de la réflexion et la demi-netteté que présentera cette petite ligne lumineuse se conservera pendant que l'on fera subir au microscope un déplacement assez notable (égal à *ab*).

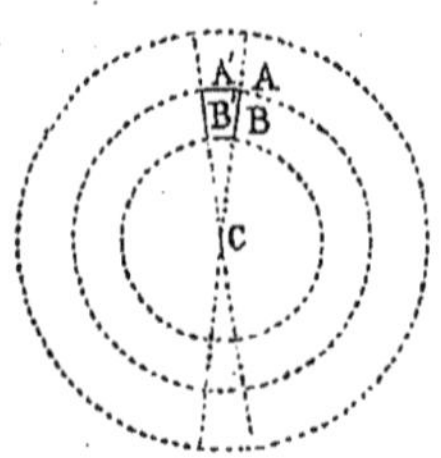

Fig. 27.

Il est à remarquer que la première surface caustique se présentant en projection, et la seconde formant une ligne droite, ces apparences ne sont que peu dépendantes de la forme de la petite portion de surface réfléchissante et resteront sensiblement les mêmes si, au lieu de la limiter aux plans et parallèles que nous avons indiqués, on lui conserve le contour circulaire qu'on lui donne ordinairement.

Les phénomènes que nous venons d'indiquer sont, en effet, ceux qui se présentent à l'observation, mais ils sont rendus encore plus sensibles si, au lieu d'un simple point lumineux, on place en S une série de petits points lumineux égaux, équidistants et disposés suivant deux lignes, l'une située dans le plan de la réflexion et l'autre dans une direction perpendiculaire.

Le plan focal du microscope d'observation étant en DE, tous les points lumineux de la ligne située dans le plan de la réflexion donnent naissance à autant de petites lignes lumineuses situées dans le même plan, et qui, étant dans le prolongement l'une de l'autre, se rejoignent pour former une ligne lumineuse continue, tandis que les points de l'autre ligne perpendiculaire donnent de petites lignes parallèles l'une à l'autre, qui, conservant la même distance que les points, restent ainsi séparées (fig. 28).

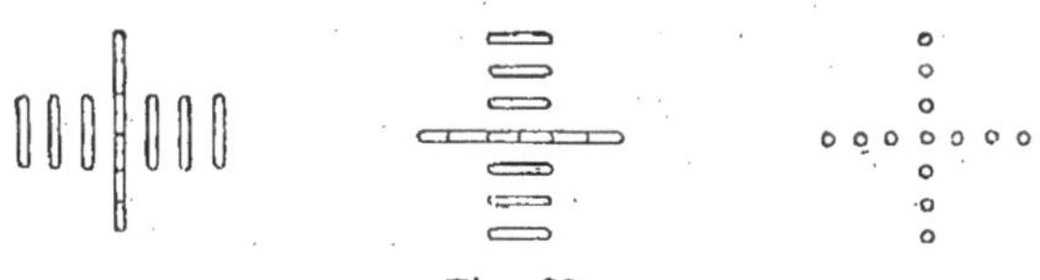

Fig. 28.

Le foyer du microscope se portant de a en b, ce sont les points de la ligne perpendiculaire au plan de la réflexion qui donnent naissance à de petits traits lumineux qui se rejoignent, tandis que ceux de la ligne située dans le plan de la réflexion restent parallèles et séparés.

On peut inversement employer des points noirs se détachant sur un fond blanc, et ce genre de test a déjà été employé pour constater des effets optiques qui tiennent aussi à l'obliquité des surfaces.

Nous avons supposé que les caustiques étaient directement accessibles à l'aide du microscope ; mais si le rayon de courbure de la surface était trop grand par rapport aux dimensions de celle-ci, on arriverait difficilement à réaliser l'expérience. On peut alors se servir d'une lunette munie d'un oculaire mobile à l'aide d'une crémaillère, et on visera la surface dans la direction du rayon réfléchi, et la lunette donnera successivement, pour des ajustements convenables, les images nettes des lignes caustiques à observer, bien qu'elles soient virtuelles dans le cas qui nous occupe.

Si nous revenons à l'observation des caustiques d'un seul point lumineux à l'aide du microscope, nous remarquerons que les phénomènes gagneront en netteté, si nous réduisons les dimensions de la surface AB, en lui conservant le même bord A, par exemple. On arrive alors à avoir en a une petite ligne suffisamment nette, et dont la mise au foyer ne présente pas la même indécision que lorsque l'étendue de AB est plus grande, et DE est plus net également.

Ces deux circonstances permettent de mesurer assez facilement la distance aD de ces sortes de foyers, dans le plan de la réflexion et dans le plan qui lui est perpendiculaire; cela est utile dans la pratique.

On trouve alors par expérience, ce qui se voit d'ailleurs facilement sur la figure, que, pour une même position du point S, la distance aD augmente en même temps que l'inclinaison de SA sur l'axe, et ceci permettra de reconnaître, pour une obliquité suffisante, si la surface sur laquelle a eu lieu la réflexion présente une trace de courbure.

On voit enfin que, la position du point S changeant, la caustique change de forme, et que, pour une même inclinaison, la distance aD prendra des valeurs différentes.

Les phénomènes produits par la réflexion oblique sur une surface sphérique étant ainsi connus d'une manière générale, si on veut les rendre susceptibles de mesure, il suffit de rappeler les propriétés sur lesquelles est basée la construction des caustiques par points. Elles montrent qu'indépendamment du changement de direction des rayons qui la subissent, la réflexion oblique a pour effet de réduire dans le plan méridien le rayon de courbure dans le rapport de 1 au cosinus de l'angle i d'inclinaison des rayons sur la normale, et de l'accroître dans le rapport de cos i à 1 dans le plan perpendiculaire.

Le miroir plan de 35 centimètres, dont la construction est décrite par L. Foucault, était destiné, ainsi qu'il le dit, à la collimation des objectifs par eux-mêmes. Il se réservait de reprendre la question lorsqu'il devrait construire un autre miroir destiné au *sidérostat,* dont l'emploi exige que les images soient parfaites avec des grossissements quelquefois considérables et sous des incidences souvent très obliques.

Le miroir du sidérostat qui sera bientôt présenté à l'Académie a 30 centimètres de diamètre, et, sous quelque incidence qu'il réfléchisse les rayons venant d'une étoile, l'image observée à l'aide d'une lunette de 16 centimètres de diamètre, grossissant environ 300 fois, et sous une incidence d'à peu près 50 degrés avec la normale, est aussi parfaite que celle que donne l'observation directe avec la même lunette.

La marche que j'ai suivie pour arriver à ce résultat est identique à celle qui est indiquée dans la Note de L. Foucault, et il n'y a de différence que dans les procédés d'examen, qui sont semblables à ceux décrits dans le Mémoire sur la construction des télescopes.

Un point lumineux formé par une petite ouverture circulaire percée dans une plaque fixée devant la flamme d'une lampe, ou devant son image obtenue à l'aide d'une forte lentille, est installé à 18 mètres environ d'une lunette dont l'objectif a été tout d'abord reconnu bien aplanétique et achromatique pour cette distance.

Le miroir supporté verticalement est placé sur le trajet des rayons lumineux, sous un angle tel que le cône des rayons réfléchis couvre entièrement la surface de l'objectif de la lunette (ce qu'on reconnaît en s'assurant, à l'aide d'une loupe, que l'anneau oculaire ou cercle de Ramsden est complet). Faisant alors mouvoir l'oculaire, on examine si l'image du point lumineux est nette et bien circulaire, et si en deçà et au delà du foyer elle ne se transforme pas en ellipse. Cette condition étant remplie, la surface est plane. Si elle était convexe ou concave, les phénomènes étudiés plus haut se manifesteraient, et on dirigerait le travail de correction en conséquence.

Un second test était employé concurremment avec le premier. C'était un quadrillé tracé sur verre argenté, et dont les traits, placés les uns dans le plan de la réflexion, les autres dans le plan perpendiculaire, étaient distants de 1 millimètre.

Si la surface réfléchissante était bien plane, les traits croisés apparaissaient en même temps avec une grande netteté au foyer de la lunette. Dans le cas contraire, la mise au point était différente pour les traits croisés. Le jeu de l'oculaire en deçà et au delà du foyer donne une grande sensibilité à ce mode d'examen.

La lunette employée dans ces expériences donnait un grossissement de 120 fois environ et recevait le faisceau sous un angle d'à peu près 12 degrés avec la surface.

Ce premier procédé renseigne bien sur la qualité de l'image que donnera la réflexion sur le plan, mais il ne montre pas les portions du miroir dont l'action est en désaccord avec le reste de la surface. Il faut, pour les connaître, recourir au troisième procédé décrit dans le Mémoire sur les télescopes.

Après avoir étudié le *solide différentiel* que donne l'objectif de la lunette lorsqu'on vise directement sur le point lumineux à cette même distance de 18 mètres, on cherche si ce solide n'est pas modifié par la réflexion sur le miroir, et, si la lunette est bien aplanétique, ce solide est à peu près annulé dans les deux cas. Quoi qu'il en soit, la forme qu'il représente renseigne l'opérateur sur les points de la surface qui doivent subir l'action des retouches locales.

La nullité du solide différentiel n'indique pas autre chose que la concordance des actions des diverses parties de la surface : elle n'implique en aucune façon sa planité, mais celle-ci est assurée par l'examen à l'aide du premier procédé.

Sur la méthode suivie par Léon Foucault pour reconnaître si la surface d'un miroir est rigoureusement parabolique [1].

Dans le Mémoire sur la construction des télescopes en verre argenté, inséré dans le cinquième volume des *Annales de l'Observatoire impérial*, L. Foucault a exposé la méthode qu'il suivait alors pour transformer en paraboloïde la surface du miroir qu'il avait amenée à la figure d'un ellipsoïde de révolution. Ses travaux ultérieurs l'ayant conduit à la modifier, je crois utile de publier celle qu'il lui a substituée et de donner quelques indications théoriques sans lesquelles

1. Note présentée à l'Académie des Sciences par M. Ad. Martin, le 21 février 1870. Voir *C. R. de l'Ac. des Sc.*, t. LXX, p. 389.

elle ne pourrait être comprise. Je dois d'ailleurs supposer que le lecteur a sous les yeux le Mémoire cité.

Si, devant un miroir rigoureusement parabolique, on place un point lumineux au voisinage du centre de courbure correspondant au sommet, les rayons qui en émanent viennent, après leur réflexion à la surface se couper en des points successifs dont l'ensemble constitue une caustique analogue à celle représentée dans la figure 11 du Mémoire cité, et qui, pour une position du point lumineux très voisine du centre de courbure, devient facile à construire à l'aide de la développée de la parabole. En plaçant l'œil dans des conditions telles qu'il reçoive le faisceau réfléchi entier sur la pupille, ce qui fait paraître le miroir uniformément éclairé (p. 62, 2e paragraphe), et faisant mouvoir un écran à bords rectilignes transversalement au faisceau réfléchi, de droite à gauche par exemple, et en avant du sommet de la caustique, on intercepte successivement les rayons qui viennent des bords de droite du miroir, tandis que, si l'écran est en arrière du sommet de la caustique, vers l'observateur, les rayons interceptés seront ceux qui viennent des bords de gauche.

On voit donc que la concordance entre la marche de l'écran et celle de l'extinction annonce que les rayons éteints n'étaient pas encore arrivés à converger avec ceux qui les avoisinent, et que la marche inverse de l'écran et de l'extinction qu'il produit indique que la convergence est dépassée et que ces rayons divergent. Appliquons ceci à l'effet produit par l'écran marchant transversalement de droite à gauche, d'abord au sommet de la caustique, puis successivement dans des plans qui s'éloignent de plus en plus du miroir.

Au sommet de la caustique, l'écran rencontre d'abord les rayons qui venant du bord de droite du miroir dont le rayon de courbure est un peu plus grand que celui du centre, convergent tardivement; il les arrête; la surface s'assombrit donc vers la droite, et comme, au voisinage du sommet, les rayons qui viennent du centre sont en concordance à peu près parfaite, on verra au centre du faisceau une étendue paraissant à peu près uniformément éclairée, et qui, ainsi que cela a été expliqué dans ce cas (p. 63, ligne 3), s'assombrira d'une manière égale en tous ses points avant de subir l'extinction complète. L'aspect qui se produira à l'œil en ce moment sera donc celui d'un plateau à bords renversés, dont la section s'obtient par la construction ordinaire du solide que Foucault a appelé *solide différentiel*, et qui, dans ce cas, est donné par la différence entre les ordonnées de la surface parabolique en observation et celle de l'ellipsoïde osculateur au sommet, dont les foyers sont : l'un le point lumineux et l'autre le point de l'axe coupé par l'écran.

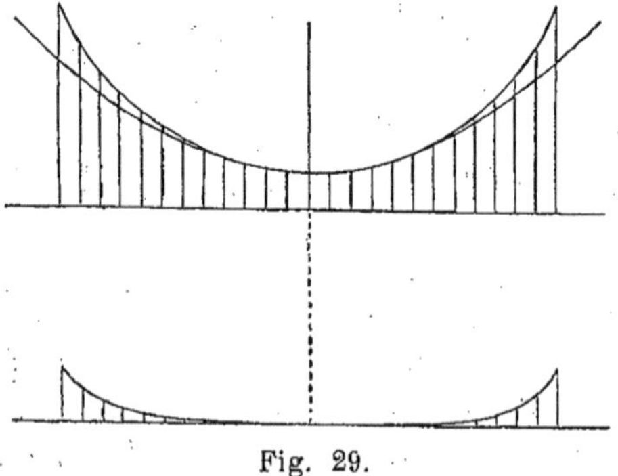

Fig. 29.

La production de l'apparence du plateau donne donc la position du foyer des rayons réfléchis par la partie centrale du miroir.

Si maintenant on dispose l'écran dans un plan plus reculé vers l'observateur, il donne d'abord l'apparence représentée dans la figure 13 du Mémoire cité ; puis, dans une station plus éloignée en s'' par exemple, au delà du point s' où il cesse de rencontrer des rayons qui n'ont pas encore convergé, il coupe d'abord la caustique dans la région de droite et arrête par conséquent les rayons qui viennent de la gauche du miroir au point de celui-ci, où se réfléchissent les rayons qui viennent se couper en a. L'écran, continuant à se mouvoir dans le même plan s'', éteindra successivement tous les rayons, et lorsqu'il arrivera en a', il ne laissera plus passer que quelques rayons qui formeront l'apparence d'une tache blanche sur la droite du miroir. Ces rayons ont subi la réflexion au lieu même où se produit la tache blanche.

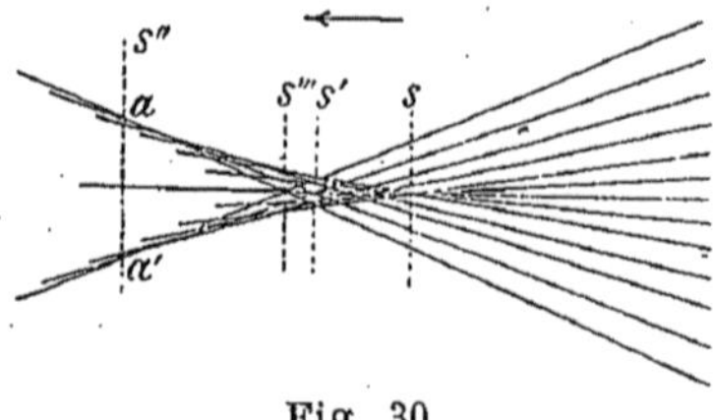

Fig. 30.

L. Foucault cherchait la position s'' de l'écran qui produit l'extinction dernière, sur les bords mêmes du miroir. Cette distance, qui est liée à la différence des rayons de courbure aux bords et au centre du miroir, c'est-à-dire à la forme de celui-ci, avait été déterminée avec soin par lui pour les diverses grandeurs de miroirs, et par des mesures nombreuses. Il l'appelait la *mesure de parabolicité*.

Pour les miroirs qu'il a construits, le diamètre était le sixième du foyer ou le douzième du rayon de courbure ; ces miroirs étaient donc semblables, et la mesure de parabolicité était proportionnelle au diamètre du verre, et dans les expériences où il employait toujours le même point lumineux de $\frac{1}{5}$ de millimètre environ de diamètre, cette mesure était égale à sept fois (à très peu près) la flèche des bords du miroir.

Un autre moyen de mesure lui servait concurremment avec le précédent; il était fondé sur l'emploi du microscope oculaire, avec lequel il recevait le faisceau de rayons réfléchis.

Lorsque le foyer de ce microscope est placé en s au sommet de la caustique, on a une image bien nette du point lumineux et des petites irrégularités qui peuvent se trouver sur le contour de celui-ci ; cette image est entourée d'une auréole d'aberration qui va en se fondant vers les bords, et qui est due aux rayons marginaux qui convergent tardivement. Si l'on recule le microscope vers soi, jusqu'à ce que son foyer soit en s', au point de croisement des rayons des bords, avant leur convergence avec les rayons centraux qui commencent à diverger, tous les rayons passent alors dans l'anneau s', et, sans donner d'image proprement dite, produisent en ce point l'apparence d'un cercle dépourvu d'aberration et à bords bien déterminés. Puis, au delà, les rayons coupent l'axe, et l'image se perce au centre en s''', d'un point relativement obscur, qui s'élargit en reculant encore le microscope.

Ce phénomène, qui se produit d'une manière bien nette, permet de constater la valeur de la courbure des bords : si la source lumineuse était un point mathématique, la distance ss''' serait précisément égale au double de la flèche ou abscisse du bord du miroir, et si la surface est bien parabolique, en limitant son étendue par des diaphragmes de grandeur convenable, on doit trouver que la distance ss''', qui varie avec chaque grandeur de diaphragme, est proportionnelle au carré de l'ouverture de celui-ci.

L. Foucault ne s'est pas borné à l'observation précédente,

faite au centre de courbure, il a aussi déterminé la mesure de parabolicité relative à d'autres stations du point lumineux. Un miroir qui, étudié sur les étoiles, avait justifié de la perfection de sa surface, lui servait alors à trouver les valeurs numériques de la parabolicité par l'emploi de l'écran à bords rectilignes.

La recherche à l'aide du microscope de la distance ss''' se fait ici très facilement, en considérant que, au point où se perce l'image du point lumineux, on est au foyer annulaire des bords, et que pour trouver cette position, il suffit de résoudre le problème suivant : *La position de la parabole et du point lumineux* L *situé sur son axe restant fixe, chercher les foyers conjugués* L' *des ellipses successives qui, ayant le même axe que la parabole, sont tangentes à celle-ci en des points qui, partant du sommet, s'éloignent de plus en plus de lui.*

Celui de ces points L' pour lequel l'image se perce est celui pour lequel le contact de l'ellipse et de la parabole a lieu sur le bord même du miroir.

Les résultats que donne le calcul dans la résolution du problème précédent sont parfaitement d'accord avec les nombres que fournissent des miroirs qui, étudiés sur le ciel ou par collimation avec d'autres miroirs identiques, amenés à la même mesure de parabolicité étudiée au centre de courbure, donnent les meilleurs signes de perfection.

Il y a lieu de remarquer que cette recherche de la parabolicité est plutôt un guide à consulter qu'un but à atteindre effectivement, l'influence des oculaires se faisant toujours sentir dans l'image définitive. Quand on a obtenu une surface qui approche de cette forme théorique, il y a encore lieu d'associer le miroir à l'oculaire comme Foucault l'a indiqué et constamment mis en pratique.

Enfin, il a imaginé une méthode à laquelle il a donné le nom d'*autocollimation*, et qui lui permettait de s'assurer de la perfection d'une lunette destinée aux observations astronomiques : je la décrirai rapidement, et je donnerai les modifications que j'ai dû lui faire subir pour l'appliquer à l'étude des miroirs paraboliques.

Ce sera l'objet d'une prochaine communication.

Méthode d'autocollimation de L. Foucault, son application à l'étude des miroirs paraboliques. [1]

Les procédés d'examen décrits dans la précédente communication permettent de reconnaître la position du foyer qui serait donné par chacun des éléments de la surface d'un miroir dans les conditions indiquées, d'en déduire la courbure en chaque point, et par suite, de s'assurer si un miroir a atteint la forme parabolique ; mais ils ne peuvent aisément être mis en pratique que par des observateurs assez habitués aux travaux de cette nature pour pouvoir tirer des déductions certaines des apparences qui se présentent à eux. Il y avait lieu de chercher un procédé d'observation plus direct. Il se présentait dans l'emploi d'un collimateur parfait, ou mieux encore dans l'application de la méthode que Foucault a nommée *méthode d'autocollimation* et à laquelle il fait allusion dans la dernière phrase de sa Note sur le plan optique. Il l'avait imaginée pour se guider dans la construction des lunettes astronomiques sans recourir à l'observation sur le ciel que les circonstances atmosphériques rendent si rarement praticable. Elle lui offrait, toujours à sa portée, un point lumineux qui lui envoyait des rayons parallèles comme s'il eût été réellement situé à l'infini. On sait d'ailleurs que cette méthode lui a permis d'obtenir des résultats d'une rare perfection.

La disposition employée est semblable à celle qui sert à la détermination du nadir à l'aide du bain de mercure. Un point lumineux est placé au foyer principal de l'objectif qu'on se propose d'étudier et près de son axe, le faisceau de rayons parallèles auquel son action donne naissance est reçu presque normalement par un miroir argenté aussi parfaitement plan qu'il est possible de l'obtenir ; les rayons reviennent donc sensiblement sur eux-mêmes et, réfractés de nouveau par l'objectif, convergent vers un point très voisin de la source lumineuse dont ils donnent l'image. Si l'objectif est parfait, les rayons qu'il a rendus rigoureusement parallèles sans aberration par sa première action, revenus vers

1. Note présentée à l'Académie des Sciences le 28 février 1870 par M. Ad. Martin. (*C. R. de l'Ac. des Sc.*, t. LXX, p. 446.)

lui dans les mêmes conditions et subissant de nouveau son action, donnent un point unique de convergence. L'emploi des procédés d'analyse du faisceau lumineux par le microscope et le bord d'un petit écran constate cet état de perfection que nous avons admis. Mais si l'objectif est entaché d'aberration de sphéricité, par exemple, les rayons deux fois réfractés engendrent une caustique dont l'étude permet de reconnaître les régions de l'objectif sur lesquelles doit porter le travail des retouches qu'il y a lieu d'exécuter.

Il faut remarquer que chaque petit pinceau élémentaire rencontre la surface de l'objectif *presque exactement au même point à l'aller et au retour*, de telle sorte que la caustique définitive est engendrée par l'action deux fois-répétée de la même portion de surface sur les mêmes rayons, ce qui augmente la sensibilité et la sûreté de la méthode.

J'ai pu appliquer, avec les mêmes avantages, l'autocollimation à l'étude des miroirs de télescopes pour m'assurer, *d'une manière directe*, de la perfection de l'état de parabolicité de leur surface. Pour cela, un point lumineux étant placé au foyer principal de ce miroir, je dispose un plan argenté et percé d'une ouverture centrale dans une position telle que les rayons qui émanent de la source, passant à travers l'ouverture de ce plan, puissent librement atteindre tous les points de la surface du miroir à étudier. L'action de celui-ci les rend parallèles, et, réfléchis presque normalement par le plan, ils reviennent subir de nouveau la réflexion sur le miroir qui les fait converger en un point voisin de la source; l'analyse du faisceau réfléchi se fait alors avec facilité. La réalisation de cette expérience demande quelque soin pour le centrage des surfaces d'abord, et ensuite pour la détermination de la distance à laquelle il convient de placer le miroir plan, afin que le faisceau ne soit, en aucune manière, entamé par lui, soit à l'aller, soit au retour. S'il en était autrement, la surface ne pourrait être étudiée dans toute son étendue, et le faisceau qui subit deux fois la réflexion presque normale sur le verre non argenté du miroir à étudier, serait trop peu lumineux pour permettre un examen sérieux.

Lorsqu'on a égard aux conditions qui précèdent, on se trouve en présence d'un faisceau lumineux qui doit avoir un sommet unique, la caustique doit être réduite à un point, ce que l'examen à l'aide du microscope et de l'écran permet de constater; et si ce résultat n'a pas été complètement obtenu, les mêmes moyens permettent de reconnaître la nature du travail à effectuer pour amener les apparences à être celles qui conviennent à une surface parabolique parfaite.

EXPLICATION DES PLANCHES [1] SUR LA DÉTERMINATION DE LA VITESSE DE LA LUMIÈRE [2]

La planche I est la reproduction de la planche que L. Foucault avait jointe à la thèse pour le doctorat ès sciences physiques qu'il a soutenue le 25 avril 1853 ; les diverses figures que contiennent cette planche sont suffisamment expliquées dans le Mémoire pour qu'il ne soit pas nécessaire d'y revenir.

La planche II contient quelques détails sur la disposition pratique de l'expérience, telle qu'elle a été réalisée par L. Foucault, sous la dernière forme qu'il lui a donnée pour la détermination de la valeur numérique de la vitesse de la lumière. La figure 1 indique la marche générale des rayons et la situation effective des organes. Le rayon lumineux dirigé par un héliostat pénètre dans la chambre noire par l'ouverture *a* ; il traverse une mire graduée *b*, une lame de glace *e* inclinée à 45°, et va tomber sur le miroir tournant *c* ; passant ensuite à travers l'objectif achromatique *d*, il arrive sur le miroir concave m_1 et de là successivement sur les miroirs m_2, m_3, m_4 et m_5 qui satisfont aux conditions indiquées dans le Mémoire : le rayon revient alors en suivant un chemin inverse, et après s'être réfléchi sur le miroir tournant *e*, il arrive sur la lame de glace où une partie se réfléchit, passe sur le bord de la roue dentée *f* et pénètre dans un microscope *g*, muni d'un micromètre *h*, où l'observateur place son œil pour observer ou mesurer la déviation de l'image.

Disons tout d'abord que la disposition adoptée par la figure 1 est conforme à la description que L. Foucault a donnée de l'expérience ; mais que, dans les dessins minutes qui ont servi à l'exécution de l'appareil et qui ont été mis obligeamment à notre disposition par M. Dumoulin-Froment, la lentille achromatique *d* n'occupe pas la place qui a été représentée, mais qu'elle est située sur le trajet du rayon incident entre *e* et *c*.

1. Ces planches ont été extraites par nous des *Œuvres de Foucault*.
2. *Œuvres de Foucault*, p. 546.

Cette figure 1 représente la disposition finale dans laquelle L. Foucault, cherchant à obtenir une déviation constante de $0^{mm},7$, faisait varier la distance de la mire au miroir tournant : on voit que le système composé de la mire *b*, de la lame de glace *c*, de la roue dentée *f*, du rouage chronométrique qui la met en mouvement et du microscope *g*, est porté sur un chariot AB qui se déplace parallèlement à lui-même, son déplacement étant facilité et guidé par les roues C, C', D et D' qui se meuvent sur des rails.

Les figures 2, 3, 4 et 5 de la planche II donnent des détails du miroir tournant *e* qui est porté sur un plateau E muni de vis calantes : la figure 2 montre une coupe longitudinale, la figure 4 une coupe transversale et la figure 5 le plan du support du miroir et de la turbine, la turbine étant supposée enlevée. La figure 3 est la coupe du miroir et de sa monture.

On voit facilement le tube d'arrivée de l'air comprimé *l* muni d'un robinet *z*, ainsi que les ouvertures par lesquelles cet air s'échappe pour passer dans la turbine *t* qu'il fait tourner. Il résulte d'une Note présentée à l'Académie des Sciences le 9 février 1863 [1], que le tracé des aubes a été méthodiquement déterminé par M. Girard, l'ingénieur bien connu par ses recherches sur l'hydraulique : cette turbine fonctionnait parfaitement. Il est facile de se rendre compte également de la disposition de l'axe et de ses supports *x*, *y* ainsi que de celle de la masse *n* et des vis qu'elle contient et qui constituent le *compensateur d'inertie*.

Quant au miroir *m* il est enchâssé dans un anneau d'acier *p* qui est partie intégrante de l'axe et qui est taraudé vers ses deux bases : des viroles à vis permettent et de fixer la position du miroir et de maintenir celui-ci dans la direction qu'on lui a assignée. La figure 6 représente deux miroirs adossés comme il est dit page 38, de telle sorte que la réflexion se produit à chaque demi-révolution du miroir. Mais, au moins dans les dernières expériences, il n'y avait qu'un miroir argenté sur une face et noirci sur l'autre : la face argentée était en dehors et le faisceau lumineux ne pénétrait pas ainsi à travers la glace. Il n'y avait réflexion qu'après une révolution complète de l'axe et du miroir.

La figure 6 donne l'apparence que l'on observe en regardant au microscope lorsque le miroir est immobile et que la roue *f* ne tourne pas : les dents de la roue cessent d'être visibles lorsque la roue tourne seule ou lorsque son mouvement de rotation n'est pas en parfaite concordance avec la rotation du miroir tournant ; elles deviennent également nettes lorsque la concordance est atteinte, mais alors l'image de la mire est déviée et n'occupe plus le milieu

1. Voir *C. R. de l'Ac. des Sc.*, t. LVI, p. 258.

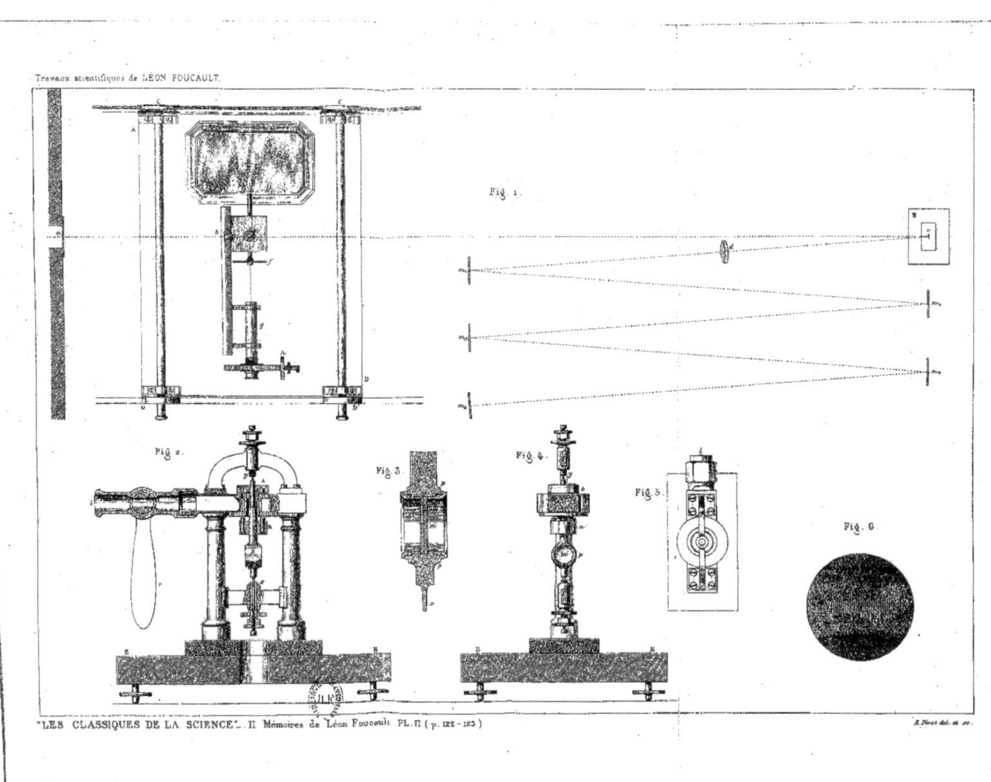
Fig. 1.
Fig. 2.
Fig. 3.
Fig. 4.
Fig. 5.
Fig. 6.

Mémoire sur la construction des télescopes en verre argenté

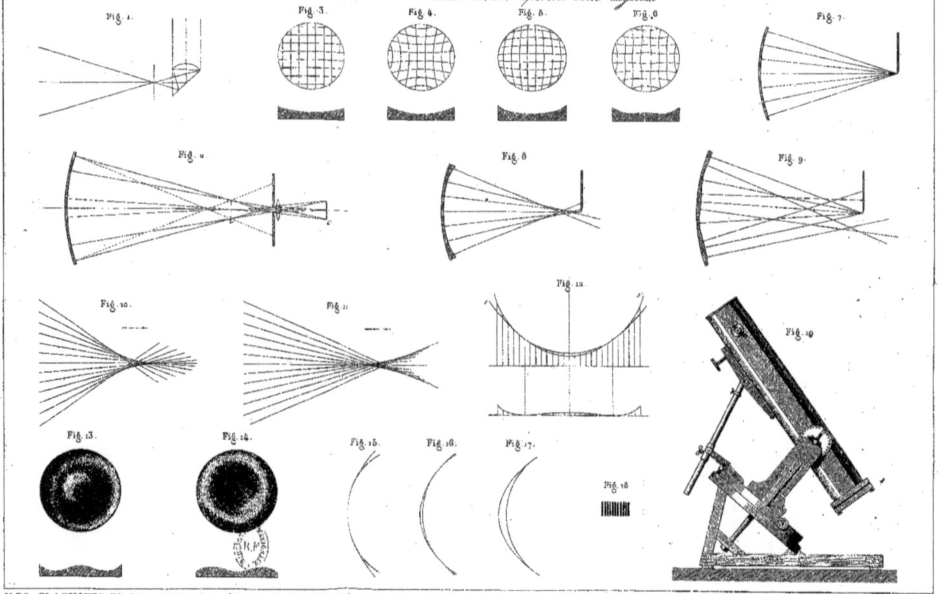

Fig. 1. Fig. 3. Fig. 4. Fig. 5. Fig. 6. Fig. 7.

Fig. 2. Fig. 8. Fig. 9.

Fig. 10. Fig. 11. Fig. 12. Fig. 19.

Fig. 13. Fig. 14. Fig. 15. Fig. 16. Fig. 17. Fig. 18.

B. Pérot sc.

du champ du microscope : le déplacement de l'image est évalué à l'aide du déplacement du réticule obtenu par le micromètre, et celui-ci, dans chaque série d'expériences, était mesuré absolument en le comparant à l'image de la mire (le miroir tournant étant immobile) qui était formée de divisions égales à $0^{mm},1$ et qui servait ainsi d'étalon de mesure.

www.ingramcontent.com/pod-product-compliance
Ingram Content Group UK Ltd.
Pitfield, Milton Keynes, MK11 3LW, UK
UKHW012229240726
13966UKWH00003B/1024

9 782011 946867